秘境守望

MIJING SHOUWANG

东黑冠长臂猿寻踪

黄嵩和 —— 著

广西科学技术出版社

很久很久以前

人类和长臂猿曾经拥有共同的祖先

1800万年前

二者分道扬镳各自开启了漫长的进化

我们直立行走在大地上，与祖先渐行渐远

他们荡跃在树冠之上，仍旧保留着灵长类祖先的某些特质

如今栖息在中国广西境内的这一支

就是极度濒危物种——东黑冠长臂猿

序

　　长臂猿是一类小型类人猿，曾经广泛分布于我国，在中国古代文化中占有重要的地位。在东周时期（公元前770—公元前256年），中国古人已经能够区分猿与猴。《抱朴子》中有"周穆王南征，一军尽化，君子为猨（同猿）为鹤，小人为虫为沙"的描写，这一典故为后代咏猿时所引用，构建了猿在中国古代文化中的君子形象。在明朝中期的文献中存在大量关于长臂猿的纪录，它们的分布区北抵甘肃庆阳，南至海南昌江，东到浙江镇海，西达云南陇川，在东南沿海、广东北部、湖南中北部等地有着广泛的分布。清代，随着人口的大规模增长，大量森林被开垦成农田，长臂猿的分布区急剧萎缩。到了民国时期，只有福建、广东、广西、云南和海南等地仍有长臂猿的记录。目前，长臂猿在我国仅片断化分布于云南、广西和海南等地。其中，曾分布于云南的北白颊长臂猿和白掌长臂猿已经多年不见踪迹，海南长臂猿仅有30多只，天行长臂猿不到150只，即使数量最多的西黑冠长臂猿也仅有1300只左右。

　　东黑冠长臂猿是全球濒危的25种灵长类动物之一，一度被认为已经从地球上灭绝。2006年，香港嘉道理中国保育团队和靖西市（当时为靖西县）林业局组织的调查队在中越边境的壬庄乡邦亮村再次发现了东黑冠长臂猿的身影。这是21世纪长臂猿保护领域最令人激动的发现之一，这一发现立即引起了各级政府和相关保护组织的关注。为了保护这些仅存的东黑冠长臂猿，广西壮族自治区人民政府于2009年成立了广西邦亮长臂猿自治区级自然保护区，该保护区于2013年升级为国家级自然保护区。目前，我国东黑冠长臂猿的种群数量已从再次发现时的3群19只增加到5群33只。

2007年9月，受野生动植物保护国际（Fauna and Flora International）中国项目和靖西市林业局的邀请，我开始了东黑冠长臂猿的研究工作。14年过去，我和我的团队对东黑冠长臂猿的研究慢慢深入，逐渐掌握了它们的分布、群体大小、种群动态、食性、活动范围、过夜行为和社会关系等信息，发表了大量科学论文。各种媒体对东黑冠长臂猿的报道也日益增加，但是广大民众仍然没有机会到森林中一睹东黑冠长臂猿的风采，也没有机会体验观察东黑冠长臂猿过程中的酸甜苦辣。

2020年元旦，我在邦亮带领学生观察东黑冠长臂猿时认识了摄影师黄嵩和先生。在见面之前，我已经听学生和向导讲过黄嵩和在山上拍摄东黑冠长臂猿的一些趣事。黄嵩和原本对东黑冠长臂猿几乎一无所知，因此在拍摄早期走了不少弯路。但是他凭借满腔热忱，克服了重重困难，经过两年多的观察和拍摄，逐渐了解了东黑冠长臂猿的很多行为习性。2019年以来，他几乎每个月都上山观察和拍摄东黑冠长臂猿，甚至在正月初二就上山拍摄，这种精神实在令我感动。在邦亮狭小的营地里，他激动地给我描述他观察到的东黑冠长臂猿的行为，给我看他拍摄的照片，向我请教关于东黑冠长臂猿的问题，我能看出他已经真心爱上了东黑冠长臂猿。他说东黑冠长臂猿的眼神有灵性，我深表认同。他的一些照片能清楚地证明这一点。

2021年1月，黄嵩和先生给我发来《秘境守望——东黑冠长臂猿寻踪》的手稿并邀请我作序，我才知道原来在观察和拍摄的间隙，他还做了大量野外笔记。这些笔记生动记录了他在邦亮拍摄东黑冠长臂猿的经历和心态，同时他拍摄的大量精美照片向读者展示了东黑冠长臂猿这个鲜为人知的濒危物种的形态特征、行为和保护现状。据我所知，这是世界上第一本介绍东黑冠长臂猿的野外考察日记。

在我心目中，只有德高望重、知识渊博的老前辈才有资格为书作序。而我尚年轻识浅，一再推辞，但是耐不住黄嵩和先生反复邀请，盛情难却之下勉力为之，也算对我自己的一种鞭策。

衷心希望读者朋友们能通过此书更好地了解我们的近亲——极度濒危的东黑冠长臂猿，并进一步支持我国的长臂猿保护事业。

最后，祝愿青山常青，猿声长鸣！

范朋飞 *

2021年3月18日

* 范朋飞，中山大学生命科学学院教授，博士生导师，中国动物学会灵长类学分会常务理事，中国生态学会动物生态专业委员会委员，中国动物学会兽类学分会理事。2013年入选"教育部新世纪优秀人才支持计划"，2015年入选"中组部'万人计划'青年拔尖人才"。发现并命名了白颊猕猴和天行长臂猿；对我国4种长臂猿的行为进行了系统的研究，确定一夫二妻制是一种稳定的长臂猿婚配制度；提出"栖息地异质性假说"来解释长臂猿配偶制的进化等。

前　言

自古以来，长臂猿都远离人类，栖息在人迹罕至的原始森林。

目前，全球仅有的140多只东黑冠长臂猿，全部栖息在中国广西靖西市与越南高平省重庆县交界的一处狭窄原始的喀斯特季雨林地带。

在中国，关于长臂猿最早的文字记载，大概出自公元4世纪晋朝的袁山松，其著作《宜都山川记》中记录了长江流域三峡地区长臂猿的栖息状况。唐代诗人李白也有"两岸猿声啼不住"的诗句。有研究认为，随着人类活动加剧、森林逐步萎缩以及从宋代开始气候由暖变冷，长臂猿的分布逐渐南移到两广地区的十万大山和云开大山一带。

目前，云南、海南和广西分布有东黑冠长臂猿、西黑冠长臂猿、天行长臂猿和海南长臂猿四类长臂猿。东黑冠长臂猿和西黑冠长臂猿虽然同宗，但是地理阻隔使他们在演化中逐渐产生了个体差异。以红河为界，两岸的黑冠长臂猿分别被界定为两个独立的物种，河东的群体被命名为东黑冠长臂猿。

20世纪50年代，东黑冠长臂猿曾被国内权威的灵长类专家宣布已经在野外灭绝，直到2006年，科研人员在中越边境进行一次野外调查时意外发现了他们的踪迹，才让这一物种重回人们的视野。2009年，广西壮族自治区人民政府批准建立广西邦亮长臂猿自治区级自然保护区，2013年，该保护区升级为国家级自然保护区。

根据当地年长村民们的讲述，在邦亮村，一直都能见到东黑冠长臂猿的身影或听到他们的啼叫。20世纪80年代，在国家正式立法保护野生动物之前，东黑冠长臂猿常成为猎人的目标。村民为谋生计，也经常进入山林中伐薪烧炭、采药取材，使得森林资源急剧减少，东黑冠长臂猿的生存环境也日趋恶劣。

　　随着中国经济社会的发展进步，邦亮村村民的生活方式发生了改变，加上政府立法加大对野生动物的保护力度，数十年来这片山林几乎无人涉足，距离村庄仅6公里的黄连山箐已变得无路可走，坎坷难行。这片东黑冠长臂猿栖息的核心地带，又逐渐恢复了20世纪初的原始状态。

　　2018年12月，经广西邦亮长臂猿国家级自然保护区批准，我首次进入东黑冠长臂猿 G1 群栖息地带，并在黄连山顶安营扎寨，开启了累计 260 多天的追猿之旅。

四号点

岑左

扫码观看猿群影像

母猿F3

岑工

大公猿

母猿F1

岑马肠

八号点

II

孤寂深山
艰辛雨林

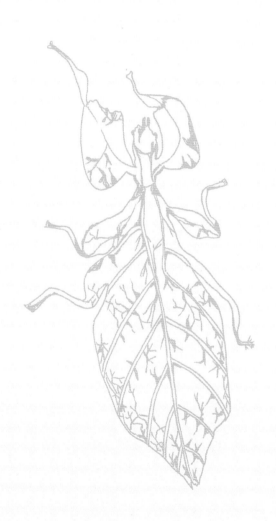

III

猿声悠悠
相知相念

I

幸运相遇
漫长等待

2018

第一次进山。

现实所见远远超乎想象，真不知道这个专题的拍摄该从何着手，千辛万苦进到保护区的这两天来，大有累到崩溃的感觉。

原始森林的夜晚，前所未有地体验到了什么叫"伸手不见五指"。人的眼睛在漆黑的夜里完全失去了作用，睁眼和闭眼没什么区别，对身体以外的东西一无所知。风吹树动、鸟兽虫鸣在无人的深林里听起来都显得格外清晰立体，这时若不得已要走出营地的铁皮屋真的是个挑战！喀斯特地貌的石山森林里几乎没有平地，也没有土壤，在外解手期间不得不就近抓住一棵树来增加安全感，还要时不时打开头灯察看周边情况，毕竟有些动物是夜间出来觅食的，尤其是毒蛇。

所幸这两天天气晴好，不至于感到湿冷。

▲ 东黑冠长臂猿 G1 群的 2 只母猿 F1 和 F3 攀挂在一棵结满果实的光榕树上

　　昨天感受了进山的疲惫，可在山里的第一个晚上却难以入睡，也许是累过头了，也许是因为对陌生环境的兴奋和好奇。山风把枯枝吹落到铁皮房顶上，砸出巨响，让人觉得像整棵树都砸了下来一样。不知道是什么动物在房顶跑来跑去，弄出来的动静同样很大，听了一个晚上几乎没睡，最后居然可以分辨出是动物在跑动的声音，还是枯枝落下的声响。

　　今天，第一次邂逅东黑冠长臂猿。他们在一棵大青树上，距离我们非常近，最近时仅 20 米，保护区管理局的副局长李兴康说："第一次进山就

004

能见到东黑冠长臂猿，你太幸运了！简直是运气爆棚！"他还说，通常保护区工作人员进山监测，多数时候只能听到东黑冠长臂猿的叫声或是在几百米外用望远镜看到他们的身影。

据李兴康介绍，目前在中国境内的东黑冠长臂猿共有5群32只，今天遇到的这群叫G1群，共有7只，包括1只成年公猿、2只成年母猿和4只未成年的小猿。

南宁市距离靖西市280公里，靖西市市区距离广西邦亮长臂猿国家级自然保护区约50公里，抵达距离保护区核心区最近的邦亮村古赖屯后，还需要攀爬约6公里的山路才能进到保护区设立的营地。我除了需要雇请工人把摄影器材和生活给养运送到营地，还得每天雇请两名护林员帮我背负器材、监测猿群。

此次进山虽然只有三天两晚，但粗略计算了一下开支，还是相当大的，计划用两年时间来完成这个专题的拍摄，真怕没有足够的经费来支撑。

在这里开展拍摄，首先得忍受严苛的生存条件。喀斯特石山地表无水，营地的蓄水罐里，浑浊的雨水掺杂着枯枝败叶、树蛙、昆虫，水呈普洱茶色，而这样的水用来洗澡都是奢侈。只有在营地的入口位置，才能接上微弱的电信信号，勉强能打电话、发微信。

喀斯特石山上到处都是尖锐、松动的石头，稍不留神便会被划伤，若是误踩到甚至有可能跌落山崖。相机镜头必须放置在摄影包或镜头箱内，根本无法随手拿着行进，拍摄的机动性大大降低。得尽快摸索出适合这里的拍摄方式。

东黑冠长臂猿的拍摄难度，已远远超出我之前所有拍摄专题！

东黑冠长臂猿和其他长臂猿一样，最显著的特征是他们长长的四肢，上肢足有下肢的1.5倍长。东黑冠长臂猿的体重一般为6~10千克。成年和未成年的公猿全身毛发均为黑色，新生母猿毛发同公猿一样为黑色，公猿8岁左右成年，母猿9岁左右成年，母猿成年后毛发会大部分蜕变为黄色，仅手脚掌和头冠部仍为黑色。成年母猿头冠部的黑色一直延伸至背中部，这也是东黑冠长臂猿区别于西黑冠长臂猿最显著的特征。

东黑冠长臂猿为纯粹的树栖动物，一生不下树，即便是在睡觉过夜时也是手扶树枝而眠。他们是以摘食野果、嫩叶为主，兼食鸟类、昆虫等的杂食性动物。他们身姿极其敏捷灵活，犹如林间杂技高手，在树冠上荡跃的距离可达8~9米，即便是人类最优秀的体操运动员也无法企及。

2018 \ 12 \ 13

第二次进山。

从南宁出发前就约好了古赖屯的两位挑夫梁美芬、梁美夏，下午4点半左右，我们从邦亮村古赖屯出发进山。

当地连续一周的阴雨天气使此次进山的难度有所增加，保护区的工作人员也劝说，天气不好时最好不要进山，主要是山里的石头很滑，容易摔跤！然而自从第一次与东黑冠长臂猿相遇后，他们便深深地吸引了我，因此也顾不上那么多了。

这次进山时我一直走在最前面，当然我的负重仅仅是一个小摄影包，不到5千克，而两位挑夫每人的担子都超过25千克，行走在山野密林，想想都可怕！摄影师的辛苦与挑夫比起来，不值得一提！夜色里，我喘着粗气时不时地提醒着他们："小心点！务必注意安全！"一路上，我不停地用手擦拭着脸上的汗水，随手一甩都能把路边的叶子淋响。

在树木遮天蔽日的大山里，感觉天黑的时间比光秃秃的山外要早得多，加上今天天气不好，在距离营地尚有1公里时，天色已经完全黑了下来。进山前手电筒和头灯都已经打包在行李里，我和两位挑夫只能用手机照明，跟跟跄跄地走到营地时已过了晚上8点。

第二次进山，心理上似乎没有第一次那么难受，但耗时近4小时的山路最终还是把我累惨了！

到营地后，我本想留下两位挑夫在营地过夜，让他们等第二天天亮后再出山，可他俩执意要出去，我只好饭后给他俩备了手电筒用于路上照明。

营地里，只有先前到达的护林员黄天助（台叔）留了下来，他将协助我完成此次的拍摄。

要拍好东黑冠长臂猿这个专题，以后蹲守在这里的日子还长，因此必须尽快适应这里！

昨晚烧了一壶热水泡脚，真是享受极了！钻进帐篷居然不到9点便轻松入睡，也没有感到像之前那样的寒冷。但很不幸，凌晨2点左右被尿憋醒了。走出帐篷、面对冰冷的山风是需要勇气的，我硬着头皮做到了。以后在临睡前要注意水分的摄入量了。虽然早上不到6点便起了床，但睡眠时间已经超过了8小时，自我感觉状态恢复得还不错。

营地所在的位置被当地人叫作黄连顶，保护区管理局在这里搭建了两座不到20平方米的铁皮房子，主要作为护林员及保护区工作人员进山监测东黑冠长臂猿时的一处落脚点。若是从高处俯瞰，这两个渺小而孤独的小蓝点儿很难被发现。

如若不是因为东黑冠长臂猿，对于一名年过四十的摄影师而言，此生是很难有机会来到这片位于中越边境的深山老林的。这里与山外的喧闹完全不沾边，静到连空气都能品出味道来，各种虫鸣鸟叫都格外清晰，尤其当悠悠猿啼响起时，就会发现这里与其他山区的森林大有不同，神秘感十足！

广西电视台一位拍纪录片的朋友曾在保护区拍摄关于东黑冠长臂猿的纪录片，对这里的艰辛颇有感触。我进山前，他多次劝我要"知难而退"："东黑冠长臂猿比白头叶猴难拍100倍！"

但对于我这样一名执拗的摄影师，朋友的规劝只能起反作用，更激发了我拍好这个专题的决心！想要在这里长期待下去，耐得住寂寞是前提，更要学会用心去触碰自然，敬畏生存在这片空间里的每一种动植物，尽量去弄清楚它们是什么物种，它们为什么会这样、为什么会那样。

台叔今年64岁了，来自与邦亮村相邻的敏马村。他对保护区、东黑冠长臂猿的了解可谓"渊博"，在所有护林员里首屈一指。让人感到意外的是，台叔都这个年纪了，但体能并不差，听力、眼力均十分了得，完全不输年轻人。

我和台叔选择在上次遇到东黑冠长臂猿的地方等待，直到今天——等待的第八天，猿群一家才如约而至。一只母猿蹲在20多米外的树枝上观察了我足有5分钟，我才得以不紧不慢地拍下了两张清晰度不错的照片。

我似乎有点明白了，为什么东黑冠长臂猿"重现"这么多年以来，关于这个物种的影像资料始终难得一见——确实是太难拍到了！一位专家称：保守估计，目前全世界亲眼见过东黑冠长臂猿的人，不会超过200人。

这只母猿驻足在一棵树上 ▶
观察摄影师足有5分钟

2019

1 \ 1 ☁

第三次进山。

2018年的最后一天，开车抵达靖西市，入住靖西环球大酒店，随即与梁美芬、梁美夏两人联系，约好2019年的第一天帮我挑东西进山。

紧邻中越边境的邦亮村古赖屯是一个纯粹的壮族村落，整个屯的100多户人家几乎都姓梁，梁美芬、梁美夏这两个女性化的名字其实属于屯里两位年过四旬的壮族男人。

今天进山时大概估算了一下，从古赖屯到保护区营地约6公里，挑夫挑着给养进山，一般需要2.5~3小时才能到达。这段路上共有5个山弄4个垭口，第一个垭口——黄连垭口最为艰险，它是陡峭的喀斯特峰丛，直上直下，许多地方的坡度甚至接近90°。过去，其攀爬难度等同于徒手攀登百米峭壁，好在几年前，保护区在此处建了9段铁梯。即便如此，有的路段仍令人望而生畏。这是体力消耗最大的一段路程，要小心谨慎。

梁美芬和梁美夏今天走在我的前面，出山10天，我的体能又有些下降，辛苦一如第一次进山。

进山途中，我正坐在黄连垭口的一块石头上喘着粗气时，突然听到"砰咚"一声巨响，像是有人滚下山崖才有的动静。我下意识喊了声"老梁"，没有得到任何回应，瞬间觉得从头凉到了脚，三步并作两步追了上去。幸好，见到了安然无恙的梁美芬。我问他怎么回事，他说没事，是碰到的石头滚下了山谷。我又问："人受伤了吗?"他回答："没有!"

我吓得不轻，想着在山中拍摄的日子还长，又一次提醒自己小心。此次出山后务必要为协助我的护林员和挑夫们购买意外保险，以后凡是重要的摄影器材也不能再让挑夫来挑了。

今天进山较早，下午5点前便到达了营地。梁美芬、梁美夏把物资挑到营地后，休息了一会儿，帮我生了一堆火后才出山。台叔要去走亲戚，明天下午才能进山，这段时间我得独自一人待在山里。我怕两位挑夫担心，便向他俩撒了一个善意的谎，说台叔今天走另外一条路进山。

此时此刻的我，深山之中，孤身一人，没有电，没有信号……这样的境遇前所未有，还真是有点恐慌! 趁天黑前赶紧张罗自己的晚餐，拿出今天在旧州镇上买的黄牛肉，割下一小块放在柴火上烤。朋友吴华送的苏格兰酒壶里还装着三两高度白酒，我打算用酒精来为自己壮胆。

孤寂寒夜，独酌小醉。钻进帐篷躺了下来，翻了几页另一位朋友甘草送我的《瓦尔登湖》，睡意便开始袭来……

种，各类树种紧密相连，形成了天然的树桥。

弄工拍摄点处于 G1 猿群栖息领地的核心地带，也是猿群翻越垭口的必经之路，在此蹲守应该会有较大概率遇到东黑冠长臂猿。此处与岭南酸枣树之间隔着一条不宽的山谷，隐蔽性也十分好，但从营地到这里的路很难走。我和台叔仔细清理了遮挡拍摄的藤蔓，搭上伪装网后几乎不可能被东黑冠长臂猿发现。

回到营地天快黑了，我喘着粗气，和台叔开始准备晚餐，并推测猿群可能移动的方向及商定明天的拍摄计划。这些计划通常都是一厢情愿的猜想，或者说是幻想，是在山里打发无聊的方式之一。

入夜，山里的气温比起山外至少低 2~3℃，我已经连续 6 天在凌晨时被冷醒，虽然已经有意控制临睡前的水分摄入量，但有时仍要在半夜鼓起十足的勇气，钻出睡袋走出帐篷，露天"方便"。

2019 \ 1 \ 3 ☁ 🔰

　　"寒夜月无影，风动枝无形。孤寂凭栏处，琴声亦无鸣……"这段歌
词用在这里十分应景，简直把孤寂感烘托到了极致。在广西工作生活了20
多年，第一次感觉南方冬季湿冷的天气一点儿不比北方的严冬好过。

　　今天依旧没能见到东黑冠长臂猿，是因为天气过于寒冷？还是因为冬
季食物匮乏？不得而知！

　　此次进山计划不少于10天，决心要以拍到东黑冠长臂猿为出山前提。

2019 \ 1 \ 4 ☁

　　猿啼于今晨7点开始响起，当时我和台叔正在吃泡面。啼叫声很远，但仍能判断是来自营地对面的山谷，估计猿群可能会去往岭南酸枣树，也就是前两天新开辟的夆工拍摄点。我们快速吃完早餐便出发，雨天路滑，不到1公里的路程感觉比平时走上几公里还要远，抵达拍摄点时已过8点。

　　台叔说，今天务必要等到下午5点，基本确定他们的夜宿点后才能返回营地。

　　直到下午3点左右，猿群才出现在我们左前方300米的山腰位置，正往我们所处的位置缓慢移动。大约4点半，猿群又从我们的视野中莫名其妙地消失了。虽然夆工拍摄点的视野比之前3个拍摄点更开阔，但依旧受地形所限，很多时候也只能听到声响，看不见东黑冠长臂猿。5点左右，连响动都消失了，再次与猿群失联。我们只好收拾拍摄器材返回营地，猜想猿群很有可能在我们看不见的夆工西侧山谷里夜宿。

　　返程途中，我发现有一处"临窗"的位置可以观察到山谷底，也就是方才猿群响动消失的方位，果然，我们看到1只母猿怀抱2只幼猿，已在一棵构树上开启了睡眠模式。

△ 母猿 F1 怀抱小公猿老四，和身后的小公猿老二一起享受着冬日的晨光

至此已守望3天共17个小时，在冷风冷雨中，总算是见到了东黑冠长臂猿一眼。

确定了猿群夜宿地，就好像吃下了一颗定心丸，愿明日有好运气。我和台叔商定，明早要在东黑冠长臂猿啼叫之前赶到岢工拍摄点。猿群如果往岭南酸枣树方向移动，那么拍摄环境、拍摄距离都是不错的。当然，无论作何猜想，最后还是要看运气。

2019 \ 1 \ 5 ☁ ☁

　　不知是不是因冬日寒冷，东黑冠长臂猿的活动范围变得很小。从猿群夜宿点到伪装网不过200米，他们愣是没按照我的设想，往岭南酸枣树移动。今天又是一无所获的一天。

　　我在谷底等待，台叔在山腰"临窗"位置监测至下午2点，最后，只看见猿群翻过山垭口往四号点方向去了。想起早上天微微亮，途经"临窗"位置时仍见到他们在原地睡觉，转眼7个小时的等待都化作了泡影。西北面有一丛大树挡住了我的视线，只能听到猿群活动的声音却见不到猿影。

　　我收拾好摄影器材，和台叔赶到四号点继续等待。其间几次传来来自谷底的树动声，还以为是猿群来了。我们努力地观察树林的动静，找寻着猿群的身影。直到下午4点，参照昨日观察到的猿群的作息规律，估计此时他们应该已经找好了过夜树，不再活动了。

　　撤回营地时，我索性把三脚架留在了四号点的崖壁上，我们预测猿群明天应该会来到山谷里觅食。

　　如果他们明天真如猜测的那样，在四号点山谷里活动，那么下午2点后，他们将有可能翻越这里的另一个垭口往荞马肠山谷方向去。猿群一旦前往那里，将会彻底消失在我们的监测视野中，约三四天后或许才会重新出现在老狼洞一带。新开辟的荞工拍摄点此时便与猿群相距甚远了，估计得五六天以后才有重新等待的机会。

　　一天苦等八九个小时是很正常的事情，一整天下来，常常感到有力气使不出来。山里没有电，没有信号，煮饭、泡面只能靠蓄留的雨水，洗脸和洗脚都是奢侈的事，洗澡根本不用提。

　　寒冬腊月，在深山之中倍感煎熬。想到每次进山，对经济和体能都是极大的消耗，此次已经住了5个晚上还没拍到一张满意的照片……一忍再忍，一等再等，就是不能出山！

　　我的目标是拍到50张东黑冠长臂猿的照片，照这样的拍摄效率，没有两三年，恐怕难以完成。

长大后的小公猿老四不再依赖母亲，开始独自觅食

2019 \ 1 \ 6 ☁ ☁

　　和台叔自我安慰式地商量了一下，就算没拍到好照片，明天下午也要出山休整了。

　　一提到出山，心情就莫名地好了起来。现在依然清晰地记得第一次出山时的状态：当我从营地走下黄连垭口的那一瞬间，立刻产生了重返人间的感觉。

　　今天，我们早上8点到达四号点，猿群果然发出啼叫声之后便开始在谷底觅食。但雾实在太大，能见度不超过50米，只能听到树木响动，却无法看到猿群的踪影。只好在此处苦等了，我叫台叔回营地休息，下午3点后再来接我。

　　下午1点，终于能看清山谷了，我循着树动的方位，看见2只黄色的母猿，正在搜寻冬日里残存在寄生藤上的野果。10分钟后，她们又跑到一处交叉树干上休息，2只母猿先相互拥抱，然后为对方清理毛发——这跟白头叶猴一模一样！拥抱似乎是灵长类动物在清理毛发前的规定动作。2只乌黑的幼猿也紧跟着跑来，钻进各自母亲的怀里，母猿便开始帮幼猿清洁身体。只见母猿把幼猿的一只小手臂提得高高的，仿佛在找虱子，这个动作像极了人类母亲在为婴儿洗澡，画面十分温馨。

　　拍摄距离超过了130米，在树叶的参照下，我意识到东黑冠长臂猿的体型十分娇小，幼猿的身体大概只有成年人鞋子大小。相机取景器难以识

 一家五口午休时，相互打理着毛发

别东黑冠长臂猿黑黑的面部，再加上今天光线糟糕透顶，几乎拍不出一张清晰的照片。

下午2点，大雾又开始弥漫，猿群再次隐匿其中。下午5点，山谷里仍有他们活动的声响，据此推断，猿群今夜将住在四号点了，因为这个时间段他们通常已确定了夜宿树，4点半至5点是他们入睡的时间。

临近天黑，雾依然没有散开的迹象，反而下起了牛毛细雨。直到记日记这一刻，晚上8点40分，仍然大雾弥漫，期待明天能拍到大公猿啼叫的样子，但估计要泡汤。

猿群今夜的夜宿地是四号点，按他们的移动规律，明天可能会去往箐马肠、箐五或箐六山谷，之后将完全消失在能拍摄的范围。这个季节，他们的行动相对缓慢，四五天后才会回到老狼洞，七八天后才会有可能出现在箐工山谷，也才有可能在100米以内拍到清晰的东黑冠长臂猿图片。

晚上和台叔商量，约定一周后，如果天气状况不错，争取农历新年前再进山两次，如若没有好天气，就正月十五后再做决定。

大公猿正在为母猿F3打理毛发 ▶

2019 \ 1 \ 7 ☁ ☁

天气依旧很差，只好选择出山。

在山里住了6个晚上，见不到东黑冠长臂猿的日子很沮丧，原本希望能在过年前拍到一张不错的照片展示给家人、朋友，以增加2019年的拍摄信心，然而春节越来越近，估计难以如愿了。

与台叔约好的梁美芬下午2点准时到达营地，2点10分我们开始出山。出山的兴奋让我即使背负着沉重的器材也依然走在了最前面，将梁美芬和台叔远远地抛在了后面。

下着雨，但出山的路比营地去往各拍摄点的路都要好走很多，一个半小时后黄连垭口便出现在了眼前。再一次感觉重获自由、重返人间，脚步变得无比轻快，很享受，脚踏实地的感觉真好！

我驱车在合那高速上行驶了差不多5个小时后，于深夜12点回到南宁家中。冲了个热水澡，整个人的重量仿佛都减轻了。妻子递上一杯凌云白毫，茶香水甜，倍感放松！

23年前，女儿还没有来到我们家的时候，为了存钱买一支佳能70-200L镜头，我和妻子喝了好几个月的稀饭……16年前，妻子跟佳能公司的朋友诉苦，说准备用房子抵押贷款去为我买专业相机，后来佳能公司无条件地支持我完成了《北部湾畔白鹭飞》的拍摄……常常回想起妻子对我摄影事业的支持，这辈子能遇上她，我无比幸运！

2019 \ 1 \ 21 ☁

第四次进山。

这次进山我仅背负一个小摄影包，爬到黄连垭口最高处时，已经累得快喘不过气来。虽然很累很累，但心态上已经比前几次进山时好了太多太多。

进山前查阅天气预报，得知明后两天都是晴天，希望农历新年到来前，能拍到一张不错的照片。

上一次出山时，猿群去了茧马肠山谷，按照他们冬季的活动周期推算，猿群明天或许会出现在老狼洞或四号点范围。

2019 \ 1 \ 23 ☁

　　今天收工回到营地外时，听到有人在营地里说话，便知道有人来访。说实话，在山里见到有外人来，都会感到特别高兴。

　　走进营地，看到一位戴眼镜的小伙子和两位姑娘正在洗菜，我主动迎上去询问他们是什么时候来的。定睛一看，那位小伙子正是我常常念叨的长臂猿专家——马长勇！我满心欢喜，他是中山大学的博士，是国内为数不多研究东黑冠长臂猿的专家之一，这是多好的学习机会呀！我一定要好好地向他请教有关东黑冠长臂猿的知识。

　　这两天，东黑冠长臂猿都住在弄工山谷，行踪居然和我第三次进山时摸索出的规律一模一样，然而他们大多数时候远在200米以外，没办法拍。明天不管猿群是去往弄马肠还是弄工山谷，都将有数日无法觅其行踪了，于是我和台叔商量明天午后出山，等农历新年后再来吧！

　　和台叔相处有些日子了，他是一位淳朴的壮族村民，在拍不到东黑冠长臂猿的时候，老人家总觉得过意不去！我安慰台叔："拍不到又不是您的问题，冬天天气不好，难度很大。只要看到了东黑冠长臂猿，了解到了他们移动的规律，为以后的拍摄积累了经验，这也算是有收获的。"

▲ 东黑冠长臂猿是以摘食野果、嫩叶为主，兼食鸟类、昆虫等的杂食动物

2019 \ 2 \ 6（正月初二） ☀

第五次进山。

春节期间，台叔家里有很多安排，因此这次没能跟我一起进山。这次随我进山的是一位叫"卷毛"的兄弟，他来自防城港十万大山南麓，拥有丰富的野外经验，曾协助我拍摄《金花茶》专题。

正月初一住在靖西，初二上午进山，下午2点到达营地。我迅速放好行李后，即刻带上"卷毛"前往四号点查看猿群的踪迹，然而用望远镜搜寻了好几遍，始终没有发现任何动静。

之后我们又往弄工山谷去，在老狼洞方向寻找。刚跨入老狼洞垭口，在大青树拍摄点，忽然听到树木的响动，极有可能是东黑冠长臂猿！我们轻手轻脚地靠近伪装网，环顾四周，却没见到猿群的身影。

此时已近下午4点半，到了他们在这个季节里寻找过夜树的时间，这时很难再找到他们了。

今天白天的气温是25℃，夜间的气温是18℃。到了夜晚，森林竟变得热闹了起来！我走到户外，头灯突然晃到一处反光，仔细一看，是一对圆溜溜的亮点。接着又看到了一条长长的尾巴，难道是遇上山猫了？我迅速返回营地取了相机来抓拍，没拍几张，那家伙便从树顶滑翔飞入了谷底的密林——原来是一只大鼯鼠。

这只大鼯鼠是保护区营地的常客，常常在深夜里跑来"卖萌"，以求能得到点残羹果腹

当晚，我还在营地里见到了一只不太大但很干净的老鼠，它居然长得很可爱，毛色光亮，细长的尾巴是它身体的一倍多长，跟城里的老鼠区别很大。它倒是一点儿都不怕人，还有些讨人喜欢！营地的小桌子上放着我们吃剩下的饭菜并用盖子压着，它在桌面上一副寻寻觅觅的样子，却无法搬动被石头压住的锅盖。

李兴康曾说过，这片森林里有原矛头蝮、尖吻蝮（五步蛇），它们擅长伪装，可以和枯叶融为一体，肉眼很难辨认，人在林中行走时要时刻当心。一位关注蛇类的摄影师朋友则告诉我一个判断方法：当满足白天气温低于16℃、夜间气温低于12℃这两个条件时，一般不会有蛇出没。

今天的气温虽然比之前进山时高了，但遇上了回南天，今晚钻进睡袋时都感觉黏糊糊的，十分不舒服。

估计猿群现在还牵挂着四号点山谷里10天前就已冒出的构树芽苞，那是他们爱吃的食物。为了拍到他们采食芽苞的画面，我这次进山前还专门向朋友借了一支佳能800毫米镜头。

2019 \ 2 \ 7（正月初三）☀

近几日天气晴好，但却遇不到猿群。

今天早上7点半，东黑冠长臂猿在老狼洞山谷啼叫2次，第二次声音较远，像是在往苹新山谷的垭口去。前段时间他们在领地范围内几乎都是逆时针方向移动，难道这次又变成顺时针方向往苹新山谷去？目前对这帮家伙的行为动向还知之甚少。

今日守在大青树拍摄点整整8个小时，没听到任何动静，难道猿群已离开老狼洞山谷？完全不见其踪影，只能靠猜想，如若他们去了苹新山谷或苹马肠山谷，那得至少2天后才有可能出现在四号点，当然也有可能夜宿老狼洞山谷，但经验告诉我可能性很小。

2019 \ 2 \ 8（正月初四） ☀

　　连续 3 天不见猿群，难道他们真的开始了顺时针移动？之前和台叔连续 2 次观察到的猿群均为逆时针移动，这难道和天气有关？

　　如果明天或后天猿群出现在四号点，那么他们接下来便会往荨六山谷或荨工山谷移动，若果真如猜想的那样，说明他们的确是在顺时针移动。猿群在自己的领地里进行怎样的移动是由什么因素决定的？是食物的分布？还是猿群首领的指示？

　　长期拍摄野生动物的经验告诉我：食物与东黑冠长臂猿的移动路线有一定的关联性。尤其是在冬春交替的时节，食物极其匮乏，我已经 2 次看到猿群采食叶子和芽苞。并且这个季节他们从早到晚的活动范围也变得十分狭窄，大概是为了节省体力。

　　了解了东黑冠长臂猿的领地范围和行动轨迹，在他们移动的路线上预设伪装拍摄点，应该就可以拍到他们，只是距离远近和时间的问题。最近这段时间天气不再像之前那样阴冷，我想尽最大努力跟上他们的行踪，在他们的领地范围转上一圈。一旦总结出东黑冠长臂猿移动的规律，以后的拍摄就能紧跟他们的步调，就有可能拍到好照片。

　　希望有一天能走出伪装，让猿群习惯我的存在，与我相互信任，并且不再对镜头有警觉感，在照片里他们是自由自在的，这才是我追求的自然影像。

2019 \ 2 \ 9（正月初五）☀

第四天，依旧没有见到猿群。

今天很奇怪，总共听到了5次猿啼，距离最近的啼叫声来自岽工山谷的岽左，共听到了3次。等到下午1点时，似乎又听到了来自四号点附近的猿啼，又或者是判断失误。我和"卷毛"背负着器材从岽工拍摄点转移到四号点山谷拍摄点。在四号点山谷上下真的很不容易，有的看似很大的石头居然是松动的，惊险无比！

在四号点架好器材后，"卷毛"返回岽工山谷监测。约下午4点时"卷毛"说猿群在岽工山谷出现，于是我又收好器材，折返回上午的拍摄点。路虽不远，但很艰辛，花费的时间也不短！

下午4点半，猿群基本已确定好夜宿树并进入睡眠状态。按以往的经验，他们明天上午至下午1点左右仍会在此活动。于是我再次计划明早赶在猿群还在睡眠状态时到达拍摄点，并给拍摄点多加了一层伪装网，以确保其隐蔽性。

明天下午4点后，猿群是将继续留宿岽工山谷，还是前往下一个觅食点？下一个觅食点是岽五山谷，还是老狼洞山谷？真是难以捉摸。

幸运相遇
漫长等待

　　为这次进山专门借来的镜头，至今没有发挥任何作用，没有按下过一次快门。

　　拍摄东黑冠长臂猿务必要跟上他们的步调，否则只能碰运气，机会很少。这次已经在山里待了6天，其中4天听到猿啼，今天居然连猿啼也没有，完完全全见不到猿影。

　　可气的是，昨天下午我在四号点等，"卷毛"匆匆跑来告诉我说，东黑冠长臂猿在弄工山谷活动。随"卷毛"到了弄工山谷后，我用长镜头不停地搜寻，却不见他们的踪影。"卷

在黄连垭口山腰透过密密匝匝的藤蔓回望身后的喀斯特群山，自此便进入东黑冠长臂猿 G1 群的栖息领地范围

幸运相遇
漫长等待

041

毛"说他们钻进树林不动了，可我就是没看见。暂且相信他吧，然而"卷毛"从未见过东黑冠长臂猿，兴许他见到的是猕猴也不一定。我灰心地看了看表，已过5点，这个时间已是猿群准备夜宿的时间了。

"卷毛"虽野外经验丰富，但他终究还是不了解东黑冠长臂猿，并且从未见过这一物种，完全没有相关经验，与台叔相比更难监测跟踪到东黑冠长臂猿也可以理解。

今早天没亮我们就来到弄工拍摄点，一直守到下午3点，一点动静也没有。昨天"卷毛"说看到1只母猿和2只小猿，应该是看错了，十有八九是猕猴。我认为，昨天傍晚时东黑冠长臂猿就已经去了四号点，而不是来了弄工山谷。下午4点半，我和"卷毛"收拾好器材，转移到四号点，发现四号点有树枝被折断的新鲜痕迹，这时已不见猿影。如果这是猿群所为，如果昨天他们住在四号点，那么今晚他们就极有可能去了弄六山谷或弄马肠山谷，明天就不会有机会拍到他们了。

但愿这只是一个猜测，明早7点听猿啼再决定是否出山。

2019 \ 2 \ 11（正月初七）☀

此次在山里共耗费7天时间，一无所获，无奈之下，我只好选择出山。

▲ 台叔正在8号点山顶搜寻猿群的踪迹，如今已年过六旬的
他曾是保护区最资深的护林员

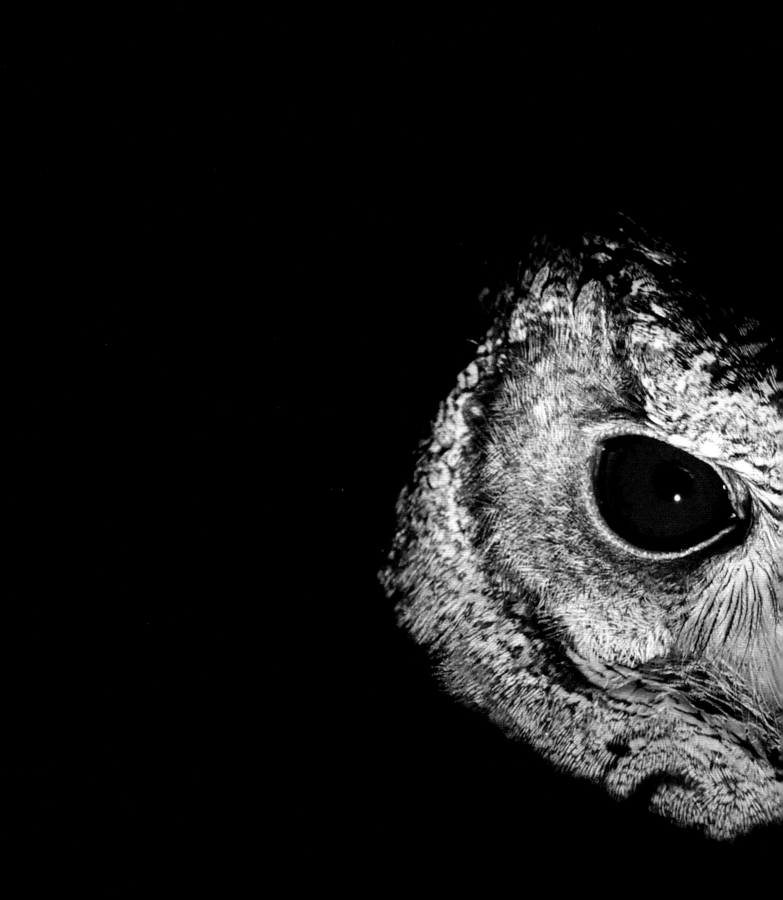

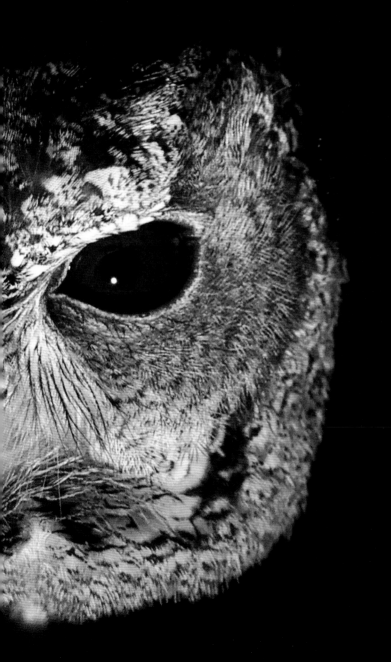

孤寂深山
艰辛雨林

第六次进山。

今天天气晴好，但前往老狼洞拍摄点方向的路依旧难走。人迹罕至的森林，一旦下雨，所有的石头都像复活了一般，由灰白色瞬间变成绿色，湿滑难行，若没有连续数日的晴天则很难变干爽。

昨天和今晨在途中都见到了国家二级保护动物白鹇，可惜都没拍到，深林之中光线实在是太暗淡了。今晨遇见2只雄性白鹇在激烈打斗（正值求偶季节），羽毛满天飞，散落在我们已经走出路痕的山路上，延伸足有十几米长，甚至有的羽毛还带着血。可惜这亲眼看见的精彩画面只能留在脑海里。

在老狼洞等到下午4点，依旧不见东黑冠长臂猿，只好收拾器材返回营地。

今晚晚餐时，我调侃台叔说，若此次见不到东黑冠长臂猿，就不能出山。他嬉皮笑脸地回应说："没有米酒了就要出山！"看来这老头儿还真是嗜酒如命！台叔爱喝米酒，米酒是他所有的快乐。有这位快乐老头儿的相伴，在山里也没那么寂寞了。

▲ 白鹇

2019 \ 3 \ 22 ☀

保护区管理局小林前天带来的北京客人及几位挑夫一行6人，今天下午出山。这次听到有人出山的消息，我居然很高兴。

其实台叔他老人家早有所料，预计这帮人在山里待不过3天，果然正好第三天他们就离开了。

山里条件异常艰辛，路难行，山难爬，再加上东黑冠长臂猿并不是想见就能见得到，说真的，一般的摄影发烧友还真是挺不住。

我和台叔本来预备了7天的生活给养，还有台叔挚爱的米酒，几乎都被他们扫光。不过我一点都不生气，这也是没有野外经验的体现吧！

他们出山后，我和台叔的生活又恢复了往日的平静，这片森林似乎也回归了宁静。不过他们在营地留下了一片狼藉，垃圾到处都是，包括扔在山上的好些个矿泉水瓶。我和台叔收拾打扫、集中焚烧后已近黄昏。

东黑冠长臂猿这一物种太稀有了，不宜被匆匆过客打扰！

　　凌晨3点40分左右又被冷醒。反正很难再次入睡，索性拿起笔在本子上写上几句。

　　虽然难受程度没有之前冬季里那么严重，但此时户外又刮起了微风，下起了小雨，这意味着今天白天会有雾或是回南天气。在这种天气下再熬下去，似乎没有太大的意义，内心真的好矛盾。干脆直接出山，返回南宁？

　　如果今天再拍不到东黑冠长臂猿，将是连续6天拍不到照片了，心里十分难受，在南宁和靖西间往返一次耗费的时间和费用让我倍感压力。

2019 \ 4 \ 16 ☁ ☀

第七次进山。

这次进山准备的生活物资特别多，因此在古赖屯里请了3位挑夫帮忙送进营地。

昨夜住在靖西时就下了一场不大不小的雨，今天下午，又得在"复活"的石头上小心而缓慢地进山。

可能是因为在城市里待的时间过长了，背负一台相机、一个摄影包，便已感觉十分辛苦，还有点像第一次进山的那种感觉。前几次进山积累的体能锻炼成果似乎一下子回到了原点。

这次为台叔买了20斤*米酒带进山，做好了打持久战的准备。进山前已经下定决心，若是拍不到东黑冠长臂猿绝不出山。我也想挑战一下在这片不适合人类居住的石山森林中，自己忍受艰辛孤寂的极限到底是多少天。

拍摄野生动物往往现实与计划差距很大，不知明天猿啼会出现在哪个方向。每次进山初期，关于猿在何处全都需要重新了解。希望此次至少能知道他们在领地里移动一圈需要多少天，记录下不同季节猿群移动时间的长短，找出一个平均值，总结出相对具体的规律。

现在是晚上9点，决定立刻睡觉，明天早起听猿啼。

———————————

* 1斤 =0.5千克。

凌晨3点半醒来，意识到自己刚才做了一个梦里的梦，梦见自己睡在四川老家奶奶曾睡过的那张床上，很冷！房间也是阴暗湿冷的，无论自己怎么努力入睡，总会梦见已故的奶奶，然后反复醒来。

帐篷里被子很薄，终于被现实冷醒，才发现原来自己正身处深山之中。

奶奶去世已33年，但奶奶对我的疼爱仍历历在目，让我至今都难以消解至亲故去的悲伤。

天堂里的奶奶，您还好吗？您的孙儿现在已经年过不惑，是一名摄影师，拍过一些被很多人喜欢的照片。

▲ 小公猿老二呆坐在大青树上，他充满灵性的眼神使人心醉

▲ 这只大公猿入驻 G1 群至今已有 10 个年头，2 只母猿为他诞下了 4 只小猿

2019 \ 4 \ 17

　　山蚂蟥吸人血的时候，人一点知觉都没有，当身上感觉到有些痒时，它已经把你的血喝了个饱。吃饱的蚂蟥通常会自行掉落。

　　被山蚂蟥叮咬后的几分钟内伤口会血流不止。今天我已经很注意防范了，但脖子上、手上还是有好几处被叮咬，不知道它们是什么时候跳到身上来的，有些防不胜防。据说用大蒜涂抹皮肤可防蚂蟥，明天拿几颗试试看。台叔提醒，务必要注意鼻孔和耳孔的防护，否则会很麻烦。

　　山蚂蟥的叮咬不会有什么大碍，它们只是跑来恶心你一下而已。在这山里，最可怕的事情还是误踩毒蛇，这片地区的矛头蝮、尖吻蝮、眼镜王蛇都非常有名，如不幸"中招"才是要命的！

　　今天早上7点20分，在箐工山谷，猿啼响起且声音很大很清晰。我和台叔分析，他们很可能往老狼洞山谷方向移动了。

　　猿啼停息后，我和台叔艰难地踩着湿滑的石头往老狼洞拍摄点缓慢行进。在老狼洞上方的拍摄点架设好相机后，一直等到下午2点，才终于传来了他们的响动。听见有树枝被折断的巨大声响，我屏住声息，感觉到身后上方一棵大树的树冠在剧烈地晃动。透过密密匝匝的枝藤，我看到了猿群的大女儿，一个黑团团在细小的树枝上荡来荡去，好似一个小孩吊在单杠上玩耍。

如果今天猿群从拍摄点右边下到老狼洞山谷，将会出现几个比较好的拍摄位置，但半个小时后仍没有动静。之后又过了半个小时，在我所处方位右上方更远一点的地方传来了响动，我清楚地知道，这意味着他们又离我远去了，今天也不会再有机会进入我的拍摄范围，又是失望的一天。

但这一次对于猿群的行踪算是有了一个很明确的结论。今夜他们将住在这个山谷，也就是说，明天他们在老狼洞出现的概率非常之高，当然明天下午左右猿群又会越过老狼洞山谷，去往莽新山谷或莽眉底山谷，之后将可能四五天见不到猿影，甚至连猿啼都有可能听不到。

回营地途中，小雨变成了中雨，山林的危险系数随之增加，明天将会更为艰辛。只有雨停、风起、雾散才可能改变这糟糕的境况！

我并不是一个极端讲环保的人，我只是一名报道摄影师、现场见证者、亲历者。今天我在自己身上活捉了5条山蚂蟥，之后对它们施以了打火机喷烧的极刑。请上天宽恕我的残忍，我今后将以预防为主，尽量不再杀生！愿上天超度这5条山蚂蟥的灵魂，让它们安息吧！

▲ 小公猿正在挑选成熟的野果

2019 \ 4 \ 18 ☁ ☀

　　在弄工拍摄点仍旧受到蚂蟥的侵扰，备了传说中可防蚂蟥的大蒜，实践证明，根本没有效果，最后活捉了4条，有1条仍叮咬了我的左手。

　　昨夜至今天上午9点一直没有停歇的雨越下越大，今晨东黑冠长臂猿在弄工山谷啼叫，声音很大很清晰，于是我9点半就赶到弄工拍摄点守候。约中午12点，猿啼第三次响起，我和台叔均判断应该是从老狼洞山谷传来的，于是收拾好器材万般艰辛地赶到老狼洞拍摄点，然而一直等到下午4点，没有任何动静。今天又只能失望地返回营地了。

　　下午太阳出来，天气转好的态势明显，但是否能跟上猿群却不容乐观。在这个季节，除老狼洞、弄工、四号点3个拍摄点可以拍摄外，其他地方根本没有拍摄的可能性，如果猿群不出现在这3个拍摄点范围内，那也就无猿可拍了。

　　此次不拍到东黑冠长臂猿不出山的决心严重受挫，而且一旦下雨，蚂蟥满天飞，防不胜防。感觉这趟进山拍不到东黑冠长臂猿属于正常现象，拍到了反倒是一种意外。

　　邦亮村所在地是中越边境一片无人的喀斯特地貌石山森林，20世纪80年代，村民常进山寻找一些粗壮可合抱的珍贵大树如蚬木、铁树、金丝李等进行砍伐，90年代这类树木基本都已被伐光。直到2006年，专家确认了

孤寂深山
艰辛雨林

▲ 广西邦亮长臂猿国家级自然保护区地处中国与越南交界处的桂西南重要的生物多样性区域，是中国14处具有国际意义的陆地生物多样性保护关键地区之一，也是中国已知唯一的东黑冠长臂猿栖息地

中国境内东黑冠长臂猿的存在后，当地政府明令禁止砍伐、烧炭、打猎、采药等行为，这片森林才得以恢复。

　　台叔今晚告诉我，他小时候随父母进山砍柴时就已听到过猿啼。十几年前这片自然保护区成立之初，台叔就被保护区管理局聘为护林员，也曾长期跟随长臂猿专家一同进山监测调查，学到了不少关于长臂猿习性规律的知识，因此台叔所说的"长臂猿一直都栖息在这里"是可信的。

据此判断，至少从20世纪60年代至今，东黑冠长臂猿都在这一带栖息，从来不曾消失过。然而20世纪80年代，灵长类专家曾宣布该物种在野外灭绝。

关于老狼洞名字的由来，有一段传说故事。据当地人讲述，中华人民共和国成立前，邦亮村一位梁姓村民，为躲避国民党抓壮丁而逃进山里，在黄连顶一带的溶洞里住了下来，还在山谷里开垦出一小块庄稼地，过上了自给自足的隐居生活。直到中华人民共和国成立后，这位村民也没有出山和家人一起生活，后来在山里去世了。当地人大多不知道他的名字，都称他作"老梁"，而当地人的壮族口音使得"老梁"被叫成了"老狼"，"老梁"住过的溶洞也就渐渐地被后人叫成了"老狼洞"。

山雨路滑，加上这个季节里藤蔓受雨水的滋润而疯长开来，使人在山中行进十分不易。东黑冠长臂猿拍摄难度之大，完完全全超出预期。就算是英国广播公司（BBC）和《国家地理》的摄影师进入这里，拍摄起来恐怕也是有难度的，当然他们的经费和团队保障会更充足。势单力薄的我就像一个"个体户"，目前实在是有些难以为继了，估算了一下，要筹够八万块钱的经费才能支撑完今年的拍摄。

今天天气好得不得了！似乎我的日记里关于天气的叙述特别多，至此我已意识到这一现象，之后尽量减少。当你读到这些文字时希望给予包容，守望的时光太过于枯燥单调，写写日记对一名不擅文墨的摄影师而言，只是空闲时间里打发无聊的一种方式。

今天猿群已从老狼洞进入了箐眉底山谷。昨晚在营地时，手机接收到的天气预报显示明天将会持续好天气。季节变化仿佛没有过渡，一下子从冬季进入了夏季。东黑冠长臂猿在气温上升时，移动速度会比天冷时快很多，这样一来，他们也许会缩短在箐眉底山谷、箐马肠山谷逗留的时间。如果按我推断的规律，明天猿群应该会往四号点移动，最快明天下午抵达，但这也很难说，这帮家伙经常不按常理出牌。

今天无猿可跟踪，我和台叔各自行动，他去老狼洞方向找新拍摄点并清理阻拦在路上的藤蔓，我去箐工山腰拍带叶兜兰。可意外发生了，台叔在返回途中踩到了湿滑的石头，扭到了脚，这下麻烦了！

回到营地，我拿出云南白药喷剂给台叔止疼，他稍有好转，但这样的状况估计得休息上好几天。老人家64岁了，还上山来帮我寻猿、背包、协助我的拍摄，我内心实在是有些过意不去。

原定让台叔帮我熬过今年，明年我再另请他人，看来这次等台叔痊愈后就要换人了。下次只得再把"卷毛"带来。其实请保护区的护林员是最好的，但很少有人愿意进山，年轻人没耐心也吃不了这个苦。

东黑冠长臂猿大大的手掌使他们
能够在荡跃时牢牢地抓握树枝

孤寂深山
艰辛雨林

061

2019 \ 4 \ 20 ☀

天气仍好，却见不到猿。今天又守候了整整9个小时，一天下来，没按下过一次快门，失望到开始怀疑人生！

今早7点半，猿群在茾马肠山谷啼叫，我和进山监测的保护区工作人员小林都认为他们会往四号点移动，一早便开始在四号点守候，然而一直守到下午5点，最后失望而归！

台叔扭到脚后，今天是不可能再出工了，我只好独自背上设备器材下到四号点谷底。今天我精减了些器材，但背包仍重达15千克。不过天晴了，石头也被风干了，比雨天好走许多。

也许猿群明天才会移动到四号点，可台叔分析他们仍可能回头往茾眉底山谷、老狼洞方向移动。如果真如台叔所料，那我就"伤心茾马肠"了。的确，茾马肠常常是猿群移动的分界点，猿群到底往哪边移动，完全取决于他们的心情。

和台叔的看法不同，我坚信明天猿群会前往四号点，故今天撤回营地时，我刻意把三脚架原地放置在了我的拍摄伪装网里，并且还放置了明天中午的干粮，希望猿群不要让我一而再再而三地失望了。

回到营地，我拿柴刀把营地旁通往四号点的路清理了一下。细长坚韧的毛竹以及杂草藤蔓在这个季节疯长着，我最担心的是这里成为蛇的停留之处，所以务必清理干净，这样途经这里时才会感到踏实些。晚饭后，我按照老中医父亲的指点去采了草药，捣碎后加上米酒为台叔敷脚，希望老人家能尽快恢复，否则连出山都是个问题。

我们的营地所在地，被当地人称作"箓好"。邦亮村一带是广西纯粹的壮族地区，壮族同胞把山谷叫作"箓"，比如"箓马肠"就是像马肠子一样细长的山谷。但"箓好"又是什么意思呢？好的、不错的山谷？的确，如果这里不好，没有这个相对平整一点的小山顶，保护区也没办法在这搭建营地。"箓好"这地名真是太吉利了，难道预示着我能把东黑冠长臂猿这个专题弄好？如此那就太好了，这期间流过的血、淌过的汗，都是值得的。

2019 \ 4 \ 21 ☀

　　这两天完全进入了夏季，最高温度均超过30℃，常常挥汗如雨，衣服湿了又干、干了又湿，黑色的衣服上常常附着白色的汗渍。在营地里，除了用来煮饭的水，根本没有富余的水可以洗澡，帐篷里充斥着浓浓的汗臭味。这味道似乎闻着闻着就习惯了，甚至有时还觉得有些提神醒脑。

　　山里的路每天都是新的，每时每刻都必须仔细、小心，台叔自保护区建立至今已在这里待了十几年，这里的状况他再熟悉不过了，可依旧扭了脚。

　　今天的猿群如台叔所料，从箐马肠山谷返回了老狼洞方向，约下午1点从八号点垭口进入了箐工山谷。今天总算是见到了他们，虽然距离很远，但终于知道他们尚且安好。由于天气热、阳光刺眼，他们都躲进了树荫里。估计今晚他们将夜宿箐工山谷。

　　罢了，不要再幻想了，必须马上入睡，在山里必须做到早睡早起，否则第二天很难有体力爬上爬下。

在大雨中进食的小公猿老三 ▷▷
静静地观望着摄影师

▲ 没有尾巴的东黑冠长臂猿需要依靠长长的手臂在树冠上保持身体的平衡

2019 \ 4 \ 22 ☀

　　早上 7 点，我们便来到莽工山谷拍摄点等候。6 点 50 分第一次猿啼在莽工山谷响起，第二次啼叫发生在 10 点 10 分，之后猿群翻越山垭进入四号点范围。今天仅看到了东黑冠长臂猿一眼，距离 300 米左右，看到的大概是没有抱小猿的母猿 F3。

　　我和大梁（临时请来替代台叔的古赖屯村民，也是保护区的一名护林员）收好器材转移至四号点山谷，约 12 点 55 分听见树动声响，但猿群始终没露面。据保护区的小林说，猿群去了莽六山谷。

　　因此，明天的守候点依然是四号点，如果猿群明天下午往莽马肠山谷方向移动，那么我就要收拾装备出山了。台叔受伤的脚今天已经消肿了许多，应该可以慢慢走出山外。若要等台叔脚伤痊愈，估计下次进山的时间会是 5 月中下旬了，那时位于老狼洞的那棵构树上的果实应该成熟了，我早就在那里看好了一个极好的拍摄角度，希望能在那里获得东黑冠长臂猿的清晰特写。

2019 \ 5 \ 12 ☁

第八次进山。

台叔的脚伤痊愈了，依旧陪我进山。

出山时间越长，进山时就会感到越辛苦，今天进山与上次间隔了半个月，便已感觉辛苦一如从前。

约了台叔和梁美芬、梁美夏一起进山，连续十几天的雨和阴天让这片石山森林得到了滋润，进山变得更为艰难。进到营地已差不多5点半，阴天时山里的黑夜要比山外来得更早一些。途中经过一片草坡时，台叔还带我去看了一处新的拍摄点。据说那是鼯鼠的栖息地，是一处喀斯特地貌的深坑，呈半合围状，怪石嶙峋，从坑底到地面不少于150米，十分壮观，光秃秃的崖壁上几乎没有植物，仅有一棵扭曲的树像倒挂一般生长着。

据台叔介绍，夏天的夜里会有很多鼯鼠在这里飞来飞去，很是热闹，倘若深夜来此拍摄，难度可想而知。这个季节毒蛇扎堆，而且从这里到营地要翻越一道山梁，夜晚密密匝匝的深林如何穿越？等下次进山准备一支亮度高、续航能力强的手电筒再作考虑，或请一位研究蛇的专家一同来壮胆。

无数次提醒自己这片深林之中有很多种珍稀毒蛇：眼镜王蛇、金环蛇、银环蛇、尖吻蝮、矛头蝮等。这些蛇都极其擅长伪装隐蔽，令人不易察觉。

今晚离开营地去老地方解手，在接近目的地时，我踢到了一个似乎有

▲ 深秋季节一棵掉光树叶的岭南酸枣树。它在抽芽和挂果的季节是猿群光顾的场所

　　弹性的东西，仔细一看是一小段枯树枝，我用手把枯枝清理到路边，再一次仔细看的时候，才发现有一条原矛头蝮正急速逃走。看来我刚才是惊扰到它了，我迅速返回营地拿相机出来捕捉它的身影。

　　拍了几张后，它钻进了我平时解手的那棵树旁的石洞里，谨慎起见，我只好选择在距离那个位置一米以外的地方蹲下解手。正在此时，这条蛇又从树旁的洞里钻了出来，这次我看到了蛇头，花纹清晰完整。我马上叫

▲ 原矛头蝮

在一旁陪我的台叔把相机递给我，为了不错过画面，我连裤子都没来得及提上，急急忙忙地拍下了几张照片。现在回想起当时的画面真是尴尬！

今晚这条原矛头蝮从体型上判断应是一条幼蛇，估计出生不到3个月，1米长左右。也许成年蝮蛇就在不远的地方，成年蝮蛇就更可怕了！它在附近出没的话，晚上起夜解手真是不大方便。

从此我和台叔约定，以后我们必须等天亮能看清路再出发去追踪东黑冠长臂猿，尤其在夏秋季节更是大意不得，得仔细再仔细！

2019 \ 5 \ 14

　　昨晚不到7点开始睡觉，8点半醒来，约10分钟后再次入睡，然而10点半又再次醒来。晚上七八点就睡觉，对于生活在城市里的人来说简直不可想象，早睡对于当下的城市人而言，就是一种折磨。

　　进山以来，已经逐渐感受到早睡早起的益处。森林里充足的氧气、安静的环境能帮助自己很好地入眠，早晨的鸟叫声是天然的闹钟。原来睡到自然醒是指"日出而作，日落而息"，同森林一起入睡，一起醒来。如果不是为了摄影，仅在这里体验式地生活两三天，带上自己爱喝的咖啡、酒水及可口的食物，结实的帐篷防风防雨，可以说是绝佳的享受。可要在这儿开展拍摄工作，那就完全是两个概念了。如果索性不再摄影，如《瓦尔登湖》作者梭罗那样过着清静休闲的日子，散步、冥想、接待访客、写写感悟等，也许这里也不失为一处好地方，但我做不到啊！

　　虽然营地离山外的村庄仅有五六公里，但几道山梁的阻隔却使之如同遥远的天边。

　　湿漉漉的深林，湿滑锋利的石山，行进之中要格外小心。在攀爬时，要注意察看所攀石头的表面，有的石头上附着蚂蟥，它们会伺机弹跳到人的身上。这几天几乎天天被蚂蟥叮咬，今晚连最有安全感的营地也有了蚂蟥，内心产生了恐惧感，现在进入帐篷也要脱光后再进去，以免将白天在户外沾上身的各类虫蚁带进帐篷。

山里已经连续20天几乎天天下雨了，即便今天下午4点太阳露了会儿面，可到了傍晚依旧下起了雨。现在又转为风大无雨，刮起了北风，希望老天爷把湿滑的石头吹干，让明天的山路不再难走。

2019 \ 5 \ 15 ☁ ☀

在鼻工山谷守候至下午2点回到营地，梁美芬从山外村里送了2只小母鸡进来，终于有鸡汤喝了，很知足！晚上7点半睡至凌晨4点半醒了一回，又继续睡到了5点50分醒来，睡眠断断续续，但总体上休息不错。

连续两天没有听到东黑冠长臂猿的啼叫声了，无话可说，不想写日记！

2019 \ 5 \ 16 ☀

　　今天又是没有东黑冠长臂猿啼叫声的一天。

　　早上6点10分吃完早餐后，便只能坐在营地等候猿啼，时至中午，依旧没有声息。按照台叔的测算，猿群今天下午应该到老狼洞了。

　　中午12点我和台叔背上器材前往老狼洞。一路上还是有不少很湿滑的石头，可能是由于前段时间的雨天和阴天太长。也难怪，这里是热带季雨林带，山里和山外的气候也有很大的差异，保护区的人说，昨天靖西市区内已见到了蓝天和太阳，可山里还是云很厚，山里山外两重天。

　　喀斯特地貌使这里如同漏斗一般无法蓄留雨水，也没有土壤来涵养水分，山里的植被几乎都包裹着石头生长，树根伸进深深的石头缝里。令人惊奇的是，这里的树木依然郁郁葱葱、遮天蔽日，有的树木甚至长成了参天大树，而频繁的雨天便是造就这一景象的因素之一。

　　又如台叔所料，4点左右有2只小猿不声不响地出现了，台叔看到了他们的身影，在拍摄平台上的我也听到了树的响动。可猿群没有去老狼洞，他们今晚十有八九将住在老狼洞左侧的山腰，当然也有可能等我们离开后再下到老狼洞。5点过后我和台叔必须要返回营地，否则黑夜降临，看不见回营地的路会很麻烦。

　　估计明天依旧要到路程艰辛无比的老狼洞方向去等候东黑冠长臂猿。如果明天猿啼来得太早的话，恐怕我们会来不及赶到老狼洞拍摄点。因为东黑冠长臂猿连续两天没有啼叫了，明天啼叫的概率会很大，并且有可能是在早晨6点半前后。希望猿群能在老狼洞山谷谷底采食准备成熟的构树果实，逗留的时间长一点，并且能够在拍摄范围内。

今天凌晨，台叔在营地的床上活捉到一条硕大的蜈蚣，足有30厘米长，肉肉的。所幸的是它没咬到台叔。第一次见到这么巨型的蜈蚣，拍了几张照后我让台叔把它放归了深山。

现在我越来越担心在山里的安全问题了。毒蛇、蜈蚣、蚂蟥比比皆是。无人区远离村庄、县城，遇到突发状况很是麻烦。因此，每次在行进途中，我总是不时地提醒台叔也提醒自己，看清脚下的路，看清手抓的地方，务必小心。

夏季遭遇毒蛇的概率比秋天大很多，冬天这里又湿冷无比，拍摄东黑冠长臂猿根本就谈不上有什么好季节。计划七八月中断拍摄，一是安全起见，二是节约经费，之后再把秋冬季作为重点拍摄季节。

▲ 肥硕的蜈蚣

▲ 孕肚微凸的母猿 F3 依旧荡跃在大青树上

2019 \ 5 \ 18 ☼

　　昨夜因拍大鼯鼠拍到很晚，故没记日记。拍到的照片还不错，这是第二次与它相遇了。

　　今早6点20分，猿啼响起，跟我预估的一样，依旧在老狼洞拍摄点对面。约7点50分我到达老狼洞。9点左右，猿群第二次啼叫，此时他们在距离拍摄点约200米处，我发现他们正往山下移动，逐渐接近谷底，最后从我右手边消失。

　　这里的地形很特别，视野很窄、很受限制。我们只能等待，幸好台叔在山顶监测，约11点他忽然在对讲机里报信，说猿群正往菁工山谷方向移动，已到八号点对面的山垭口。

小公猿老三和怀抱小五的母猿 ▷
F3聚在一起

在我们转移至茡工拍摄点的途中，猿啼第三次响起。按近段时间的规律，他们进入茡工山谷过山垭口的时间一般为中午 12 点后。我们小心翼翼地行进着，尽量不产生踩到石头发出的响动——要知道完全没声音真的很难，因为你并不知道哪块石头是松动的。在过山垭口时，虽然看不见猿群，但根据经验，我们之间相距不过百米。这么近的距离内听猿啼的机会不多，尤其他们在高处，我们在低处，传来的声音很清澈、很洪亮。我很是震撼，索性用手机录了两段。

今天开始我决定把专家命名的 G1 群改称作黄连猿群。

2019 \ 6 \ 12 ☁ ☀ ⛈

　　第九次进山。

　　"爸爸，今天天气这么好，您出门不带相机，会不会觉得遗憾呢？"这
是女儿4岁时与我的一段对话。转眼间，14年过去，我一直带着相机走在
摄影这条路上。

　　女儿刚刚结束高考，6月11日是她18岁生日，但我为了赶上好天气，
计划提前进山。我和她商量，决定提前给她过生日，懂事的丫头很理解
爸爸。

　　今天和台叔及梁美芬、梁美夏约好下午1点进山。出山20多天后再次
进山，之前走过的路已几乎被藤蔓植物完全遮蔽。最近雨水偏多，湿漉漉
的，行走困难。时时刻刻提防的蚂蟥最终还是没能防住，晚饭后在营地翻
开袜子，发现脚上被叮咬后正流血不止，袜子上也染上了一大片血渍。

　　置身于深山，夏季的雨林令人心惊肉跳，最担心的是雷暴天。正在记
录今日感受的此时，雷声已近，暴雨将至，明天的拍摄真令人担忧。翻看
未来近十日的天气预报，几乎都是雷雨天。蚂蟥、毒蛇这些活跃在雨后且
没有声响的生物，只有靠双眼仔细地观察来防备。

　　此次进山带了一张席子铺在床上，比起之前直接睡在防潮垫上舒服了
很多。深山之中寂寞煎熬，真的需要极大的耐心和毅力，时间和经费的消
耗更是让我倍感压力，然而现在已无路可退。

▲ 喀斯特地貌的密林深处，与世隔绝而又暗藏着危险

　　粗略地计算了一下，进山拍摄的日子总共有80多天了，连自己都有些佩服自己了。

　　雷声越来越大，不知这回将是一种什么体验，希望不会有什么危险吧。

2019 \ 6 \ 13

　　庆幸自己此刻还能气定神闲地写日记，在刚过去的2个多小时里真是心惊肉跳。原始森林之中遭遇雷暴强对流天气，不出意外都属幸运。

　　在计划这个拍摄专题之前就设想过的一切困难，现在都一一应验，接下来都不敢再想还会遇上什么。煎熬之中雨势逐渐减弱，虽然雷声还不断，但分贝比之前明显小了很多，显然经过2个小时的"群魔乱舞"、地动山摇，老天爷已经充分释放掉了它的能量。

　　昨晚9点左右，我按照往常习惯写完日记后准备入睡，但电闪雷鸣就此拉开序幕。10点20分左右，大暴雨突然而至，在营地铁皮房里，雨声和雷声的共鸣格外清晰。若是在平时，一般的降雨是很难穿透密林敲响铁皮房的房顶的，但此时不仅仅是大雨落下的感觉，完完全全是倾盆泻下。遇到强对流天气了！我感到情况不妙，在帐篷里迅速穿好长裤，但又不知道能做什么。完全无处可逃！两间小小的铁皮房依靠着四五棵大树而建——雷雨天，大树下，铁皮房里，到底安全与否？我真不知道，显得无知极了！于是，只能平复自己的情绪，摆出参禅打坐的姿势，盘坐在帐篷里，默默祈祷这一切快点过去。雷声巨响滚滚而来，此时甚至感觉铁皮房伴随着雷鸣弹跳着。有好几道霹雳听声音似乎正处于头顶上方，我十分担心树干被劈中后倒下压塌不堪重负的铁皮房。生平第一次在无人可依的夜里感到了深深的无助和恐惧。

一个小时过去，发现参禅打坐没有任何意义，并不能减轻自己的紧张情绪。密集的雷电和暴雨丝毫没有缓和下来的迹象。不敢往下想接下来会发生什么，索性揉了2个纸团把耳朵塞住，双手提着被子，时刻观察着闪电。当看到那些足以把帐篷照得透亮的闪电时，就迅速捂住耳朵，做着自我麻痹的游戏。虽然这样做让听到的声音变小了一些，但强烈的震动和空气中仿佛电线烧焦的气味，依然让人十分害怕。我坚持这一动作长达2个多小时，狼狈不堪。看来有时候理性不见得真能战胜一切。

　　凌晨12点50分左右，当可以分辨出雨点声时，我的胆子才又壮了起来。拿掉塞耳朵的纸团，屋外的声音变得清晰起来，可以听到平常夜里熟悉的、那只孤独的鸟的叫声。经过2个多小时的能量释放，深信老天爷不会再掀波澜！凌晨1点40分，一切终于归于平静，我也心安了。气温陡降，帐篷里也凉爽了许多，可以盖被子入睡了。

　　在无人的深林遇上雷雨夜还能安然无恙，实乃万幸。

2019 \ 6 \ 14 ☁

　　昨天傍晚的彩霞和夜里的月亮预示着今天可能会是一个晴天。但没想到凌晨4点半左右下起了大雨，直到5点仍在继续加大，还夹杂着雷声。心情十分悲观，索性关掉了预设的闹钟，倒头睡大觉，迷迷糊糊似乎听到有人说9点雨才停。

　　台叔叫醒了正在酣睡中的我，此时已是上午9点半。台叔说："长臂猿在老狼洞方向叫了！"但我知道在这样的天气下拍摄意味着什么。

　　上午10点，将早餐并午餐一起解决了。雨停了，雾很大，东黑冠长臂猿今天有没有可能上那棵结满果实的构树？我和台叔决定冒险往老狼洞出发。在途中，小心翼翼的我仍然连摔了两跤，手腕磕到尖锐的石头上，被

割掉了一小块皮肉，顿时鲜血直冒，一股钻心的痛袭来。掏出背包里的纱布绷带包扎好伤口，继续前行。这也是我第二次在山里摔跤受伤了，地形太过复杂，实在是难以防范。

　　这段时间雨水太多，降水量又大，即便出太阳，没有好几天也很难晒干湿滑的石头。在雨季的雨林中跋涉，实在是艰辛。近十天的天气预报都显示有雷暴，明天再听听猿啼，实在不行下午出山，最迟后天出山。看来这次又遇不到东黑冠长臂猿了。

2019 \ 6 \ 15

　　从凌晨3点半开始下雨，直到上午10点左右才停，老天注定不给我机会出发。雨停后，奘工山谷对面的第五群东黑冠长臂猿开始啼叫。这群猿停止啼叫后，老狼洞方向终于传来黄连猿群清晰的叫声。我顿时兴奋起来，迅速泡了碗面当作午餐后，抓紧出发。

　　我和台叔计划前往新拍摄点，途中快接近八号点时，猿群可能听到了我们行进时发出的声音，开始往垭口下方移动。看来这一次我的预测非常准确，他们这是要回奘工山谷了。

　　在奘工山谷谷底拍摄点架设好相机，等到下午3点多，他们果然从山腰往酸枣树下方移动。我拍到了母猿F3，同时也发现了大公猿，拍了几张，距离实在是有些远，效果不佳，再加上用的是业余非全画幅相机，虽然这款相机有延长焦距的功能，可缩短拍摄距离，但比起专业相机的画质实在是差得远。

　　下午3点，东黑冠长臂猿又集体不动了。他们经常可以当着你的面，像幽灵一样出现或消失，但可以确定此时他们应该正躲在树荫里小憩。果然，约4点，大公猿的身影再次出现。他来到酸枣树下方的一棵构树上吊了很久，虽然我们之间的距离有70余米，但他居然盯着我看了10分钟之久，更奇怪的是他还短短地叫了几声。午后的啼叫，非常罕见，至少我是第一次听到。

▲ 正在啼叫的大公猿

▲ 小公猿老三与大公猿父亲发生了争执

下午5点，猿群的其他成员在酸枣树后面浓密的树荫里几乎不再活动，这说明他们都已经确定好过夜树了。知道他们在哪里过夜，对于拍摄东黑冠长臂猿而言是很幸运的。只要明早在他们啼叫开始前赶到，便可以跟上他们移动的脚步。希望明天能拍到一幅群像，录到他们美妙的叫声。

已约好挑夫梁美芬进山来帮忙背东西，明天无论拍到与否，务必出山。雨季的雨林，情况实在太复杂，结了果实的树距离拍摄点都不近，要想具备良好的拍摄条件，真得等中秋节之后了，即今年9月至明年1月，那时候遇上蚂蟥、毒蛇及恶劣天气的概率也相对小很多。此次拍摄途中，接连遭遇路滑摔跤、蚂蟥叮咬，这两天在营地居然还遭遇数十只蚂蟥上身，情况真是糟糕透了。出山后再周密计划，筹集拍摄经费。9月之后才是拍摄东黑冠长臂猿的最佳季节，希望他们不会等我太久。

2019 \ 9 \ 16 ☀

第十次进山。

距离上次进山约3个月，在城市里待久了再进山，再次证明了身体发福后开展野外工作真是一种折磨。

城市里的生活基本都是围绕着手机、电脑，更是避免不了呼朋引伴，晚睡晚起，无病呻吟，一天到晚弄得自己身心疲惫。而进山可以让时间慢下来，这里的每一分每一秒都值得让人细细品味。微风轻拂，野花飘香，鸟鸣清脆，令人神清气爽，简单的生活令身体无比轻松。也许只是因为今天遇到了秋高气爽的好天气，才偶发这种美妙感想。

在山外，高温晴好的天气已经连续好几日了，而今天跨过黄连垭口时，竟又有雷声响起，此时太阳还高悬在天空哦！今年6月遭遇那场罕见暴雨后，至今仍心有余悸。热带季雨林就是这么多变，但秋天的雷暴，无论如何也不能与夏天的相提并论。

此次进山计划了15天的拍摄时间，这期间，要时刻提醒同伴务必注意看清毒蛇，注意周边环境。原本此次进山约好了"卷毛"来协助我，可临出发前，这家伙又出么蛾子。到靖西后，我让李兴康帮忙多请了一名护林员协助。那名护林员名叫黄天国，今年58岁，比台叔小6岁。

今晚进山的第一餐，比以往只有我和台叔两人在山中时热闹了许多。明天开始，台叔负责监测东黑冠长臂猿动向，天国专门负责运送长焦镜头，我负责背相机、三脚架。希望此番分工之后能有效提高拍摄效率。

2019 \ 9 \ 17 ☀ ☁

今晨5点40分起床，猿群6点40分啼叫，声音从四号点方向传来。

抵达四号点山崖后，发现猿群几乎全家都在一棵酸枣树上觅食。可惜此时光线很暗，且拍摄点新长出了好多藤萝，遮挡着视角。相机还没架设好，短短两分钟内，他们已经开始翻越营地后的山垭，往弄工山谷方向而去。

我们3人又迅速爬上四号点再高一些的位置，但视角依然被遮挡许多。好不容易在峭壁艰难地架好相机，猿群已经几乎快消失在山垭口边，只远远地看到了一点影子。无奈又只得收好相机，往他们移动的方向再一次小心翼翼地行进。

我和天国蹲守在弄工拍摄点，此时猿群在200米开外发出响动，我用对讲机与在八号点山顶的台叔保持着联系。半个小时后，收到台叔的指令——需前往八号点山顶。八号点是大家口中最难到达的一个点，今天要第一次面对了。攀爬途中确实体会到了前所未有的艰辛，至少有3处差不多90度垂直于地面的峭壁！在天国

攀爬时，传来一阵清脆的布料撕裂声，糟糕！他的裤子被锋利的石头划出了一道长长的口子。不过抵达山顶后，感觉确实不一样，视野十分开阔，基本能俯瞰黄连猿群三分之一的栖息领地，怪不得此处被保护区选为最常用的监测点之一。

但对于拍摄而言，距离还是太远，黑色的东黑冠长臂猿拍出来只能看到黑漆漆的一团，画质有严重的涂抹感。有时候，并不是你拥有昂贵的专业镜头就可以拍到好照片。其实，世界上再好的镜头都比不了近距离的拍摄。

所幸这趟八号点没有白来。眼下，被誉为"最珍稀的野生兜兰"的海伦兜兰有3株已开花。这一物种仅在广西有发现，并且有数据显示，该物种在野外的数量不足600株，十分稀有。兜兰有数十种之多，都为国家一级保护植物。海伦兜兰的花确实不同凡响，柠檬黄色、橙黄色的花朵中还带有微微的血红色，形态对称。我用一只闪光灯进行离机操作，拍下了一两张很"国家地理式"的图片。

今天共走了8000多步，当然与在市区相比，这并不值得炫耀，但对于纯粹的攀爬而言，还是十分辛苦的。今天算是拍摄东黑冠长臂猿以来行进距离较长、难度较大的一次跋涉了，而且也完全跟上了猿群的移动路线，作为此次进山第一天的成果，这运气十分了得。

今天腰是彻底的酸了、痛了，似乎也理解了什么叫"慢时光"了，原来是度日如年呀！

2019 \ 9 \ 18

今天间歇性的倾盆大雨，给拍摄行进途中的我们增添了不少困难。这样的天气应该是蚂蟥喜欢的，须扎紧裤脚应对。只闻猿声不见猿影，似乎也适应了这样的日子。一天下来，没按动一次快门。

今天又叫台叔去清理出2处拍摄点，搭设伪装。至此，东黑冠长臂猿的拍摄点增加到了7处。今天新增的2处拍摄点是专门为拍摄特写而开辟的，由于与猿群出没的地方距离仅40米左右，所以伪装的搭设尤为重要。不得不说，一群东黑冠长臂猿的领地实在是太大了，设置了7个拍摄点仍是大海捞针式的拍摄方法。有时候，想象总是美好的，当与猿群失联时，一切都归零。

台叔很爱喝米酒，嗜酒如命，如果进山没备够酒，他一定会吵着出山。而每当他喝得高兴时，总会跟我说，一定要让我拍到东黑冠长臂猿。但事实上每次进山，平均下来也就能看到两次，偶尔能拍到一次，仅此而已，有时候进山甚至连猿啼声都听不到一次。希望仍旧渺茫，截至目前，还看不到完成一个专题的希望。

傍晚7点又开始倾盆大雨，营地的储水大罐得到了充分补充。大雨、大风，甚至伴有闪电，让我一下子回想起6月那场遭遇，恐惧心理复发。在这里，靖西的天气预报有时候连参考的价值都没有。明天的拍摄希望也因天气变得渺茫！

喀斯特石山的峭壁上几乎没有土壤，但这里却生长着世界极度濒危的兰科植物——海伦兜兰

薄雾，晨光，山风轻拂，预示着今天会是明媚的一天。

我和天国依旧前往四号点，台叔攀上八号点监测。我们已经在四号点等待超过两天了，其实这个季节猿群的移动速度十分快，但因为四号点离营地比较近，抵达难度不大，所以我们还是选择在四号点蹲守。

早上7点左右，刚架设好相机，就看到山谷前方有3只蛇雕盘旋着，似乎在寻找食物，迅速拍下了其中一只的身影。

▲ 一只蛇雕停留在猿群周边寻找机会，它是这一地区最大的猛禽，
　 算是东黑冠长臂猿的天敌

上午约9点，在八号点监测的台叔用对讲机告知，猿群在箐眉底山谷啼叫，预计可能会来老狼洞或者箐工山谷，让我们尽快撤离四号点。这时山谷里刚好也传来了树动的声音，我原本以为激动的一刻又将到来，结果发现是一群猕猴，估计二三十只。它们在四号点饱餐之后前往了箐工山谷。我只好和天国继续前往老狼洞方向，在八号点下等候台叔的指令。因为上午10点过后是猿群午休时间，要等到午后1点左右，他们才又开始活动，直到下午5点左右确定夜宿地后停止一天的活动。

▲ 猕猴跑到大青树上"偷食"东黑冠长臂猿爱吃的果实，
在这个过程中它们对周边环境十分警觉

午休后的猿群开始往箐工山谷里的岭南酸枣树方向移动。我已守候在拍摄点，也听到了小猿发出的声音，以及猿群荡跃时的树响声。可在距岭南酸枣树尚有50米左右的地方，他们突然折返了。

用长镜头观测了一下岭南酸枣树，树上还有好多成熟的果实。为什么猿群突然不来了？台叔解释说，东黑冠长臂猿怕猕猴，他们可能是因为下到半山腰时发现了猕猴群，所以才中途退回山垭上。到底猕猴在东黑冠长臂猿眼中是怎样的？形象丑陋？粗鲁低贱？反正东黑冠长臂猿遇上这帮吵闹的家伙，通常都会退避三舍。

今天和昨天都没有拍到东黑冠长臂猿。明天他们的行踪又将成谜。东黑冠长臂猿的拍摄很难摸索出一个较为准确的规律，每天几乎都要靠监测之后的推测，以及听猿啼、看移动方向来进行估计。他们的家园实在太大，拍摄无异于大海捞针。当然有一种情况例外：如果监测到他们的夜宿树，第二天拍到他们的希望就很大。

今天有一件匪夷所思的事：台叔在八号点山顶监测到猿群上了大青树五六分钟，他们是去吃果实吗？可是现在大青树的果实好像还没怎么熟呢！

2019 \ 9 \ 20 ☀

　　傍晚饭后，营地旁一只废弃的水桶内，一对越南棱皮树蛙正在产卵，周围有的小蝌蚪已经逐渐成形长出了蛙腿。

　　棱皮树蛙从水桶里跳出来，伏在石头上，如果不仔细辨别，很容易误认为是一团青苔，当用手电筒的冷光源照到棱皮树蛙时，它背部如青苔般的部分会呈绿色，当手电筒光换成暖光源时便呈黄色，这个伪装伎俩真是太厉害了。

　　一无所获的一天，棱皮树蛙带来了一点小小的安慰。

▲ 温顺的棱皮树蛙在雨林中赖以生存的"法宝"是它高超的伪装技能

2019 \ 9 \ 23 ☀

有2天没记日记了，最近几天累到筋疲力尽、腿脚发软，真想临阵脱逃出山而去。

但一年里能遇到近段时间这样的天气的机会不多。打开天气预报，显示直到国庆节，都是艳阳高照的大晴天。

连续7天没拍到东黑冠长臂猿了。每天都在极其枯燥地等待，少则10个小时，多则11个小时。山越来越陡峭，路越来越长，东黑冠长臂猿的行踪现在我都基本能确定，但在拍摄点就是等不到他们。

今天运气实在不佳，对自己的犹豫不决感到深深的自责！

现在的大青树挂满了果实，这是东黑冠长臂猿最为牵挂的。这棵树也许是他们领地里今年结果最多的一棵超级大树。早上6点10分，东黑冠长臂猿在弄工山谷啼叫，基本可以判断猿群昨天是从四号点翻进弄工山谷过夜的。7天以来，他们总是隔一天上一次大青树。本来我7点半左右已在大青树拍摄点布好伪装，但据台叔的山顶观测，东黑冠长臂猿于8点半去了弄新山谷，我想他们应该会在下午1点左右返回老狼洞的光榕树。想到光榕树上也挂满了果，且都已成熟，而且布的伪装也离树很近，于是我和天国转移到老狼洞。等到下午4点准备撤回时，台叔在对讲机里告知，猿群上了大青树。

天啊！猿群这个时间点上大青树，光线一定漂亮得没话说了。听到这个消息，我的肠子都悔青了。不过没拍到的照片，总是最好的。

看来东黑冠长臂猿的拍摄不能过分依赖理论分析。要充分吸取教训，认定他们会来到预设的拍摄点，就要一直等下去，总会等到的。我的信心和耐心在被这帮家伙一点点耗尽。一般待在山里超过8天，我就会开始有些烦躁。明天他们要是不来大青树，就等到后天、大后天，无论如何这次一定要拍到他们在大青树上的画面，我才出山！

2019 \ 9 \ 24 ☀

今天早上7点到达大青树，一直守候到上午11点，然而东黑冠长臂猿没有来！

虽然目前大青树果实成熟的还不多，但按台叔的说法，他们需要守护自己的食物。

谁知今天猿群与大青树擦肩而过进了崬工山谷，跨过垭口后，居然还有2只猿上了岭南酸枣树。无奈我们收拾器材及山间行进需要半个小时，要赶上几乎不太可能，只好决定再上八号点与台叔汇合，山顶上已绽放的海伦兜兰也值得再拍一次。这个物种生长在峭壁上，拍摄位置十分难找，一不小心就有掉进深坑或山谷的危险。因此用"绝美"来形容海伦兜兰一点也不为过。

去年在护林员小林的手机上第一次看到海伦兜兰的图片，一下子就被惊艳到了，一直盼望着能拍到它。没想到的是，今年花期比去年提前了1个月，并且今天拍到了成对的花，最多有4朵花开在一起，这样的画面十分难得。

明天是此次进山的第十天，生活给养已渐渐紧张。最多还能守候大青树两天，又要出山了。

在黄连猿群大约10平方公里的领地里，他们的移动路线有时看似很有规律，但大多时候都出乎意料。今天猿群明明又已接近大青树50米左右，我甚至能感受到他们的气息，可他们最后就是没上大青树。而我目前设置的伪装比起之前的伪装网明明更加严密。真是让人难以捉摸的东黑冠长臂猿！

III

猿声悠悠
相知相念

2019 \ 10 \ 16 ☁

第十二次进山。

这两周本是拍摄大青树最好的时节，无奈要去老挝出差一周，加上出山后浪费的时间共达12天。这期间不知道东黑冠长臂猿已上了几次大青树，最保守估计应该不低于6次吧。错过了这些机会，有些遗憾。

去年第一次进山时还满怀害怕、畏惧，如今不知不觉中已经完全适应，并开始有些喜欢这里了。虽不是每次都能拍到东黑冠长臂猿，但至少可以锻炼一下自己的身体，减减肥，让妻子没那么嫌弃我的大肚腩；而且山里空气很好，极其安静，品味孤独，可以让自己不那么浮躁。只要不下雨，不遇到毒蛇，山中便如仙境一般，让人能够完完全全沉浸在自己的世界里，好极了。

东黑冠长臂猿上大青树多数时候只有两分钟可拍的机会。这棵大青树实在太大，枝叶密密匝匝，东黑冠长臂猿处于视野之外是常事。并且快门声会引起他们的警觉，有时会故意躲避。因此，往后我要采用静音模式，这也是最好的办法。最重要的是要在这两分钟内保持高度灵敏的反应。

明早直奔大青树！这次进山计划至少用10天去守候这棵树，也希望能找到合适的位置放置遥控相机。

▲ 下雨天，大青树上的东黑冠长臂猿母子俩

2019 \ 10 \ 17 ☁

今天是幸运的一天。

早上7点10分，按原计划在大青树伪装拍摄点架设好机器。虽然我和台叔出发时听见猿群在营地旁的山腰啼叫，但我们还是果断地前往大青树。眼下大青树上的成熟果实比较多，而山林里的其他动物如猕猴及一些鸟类不怎么喜食这种果实，唯独东黑冠长臂猿似乎对其总难以割舍，从去年开始我便发现了这一现象。这棵树也是唯一能够拍下东黑冠长臂猿特写的位置，因此接下来的半个月我要重点守候在这个地方。

今天是此次进山拍摄的第一天，便遇到了猿群上大青树。幸运！最为意外的是母猿 F3 居然怀抱着一只新生儿，估计出生还不到一周，丑乖的脸部皮肤还皱皱巴巴的，除头部和背部有黑毛外，脸部、手臂、腿部都没有毛，露出红嫩的皮肤，既似人类新生儿，又似一般猕猴的样子。原本听专家和保护区的工作人员说，初生的幼猿在一个月内毛发为黄色，一个月后变为纯黑色，母猿长到9岁左右又蜕变成黄色，看来这个观点需要订正了，也许过去观察幼猿时因为距离较远而产生了误解。今天我拍下这位母亲怀抱新生儿的画面时距离大约是20米，极其清晰明了。现在，黄连猿群这个原本成员数量为7只的族群又增加了1位新成员，成为最大的猿群。中国境内的东黑冠长臂猿数量也增至33只。

母猿 F3 怀里的这只幼猿出生于 ▶
2019 年 10 月 13 日前后，截至
2020 年 12 月，他仍是中国境内
的第 33 只东黑冠长臂猿

今天使用了静音快门，虽然连拍速度在这个模式下会下降到每秒5张，但效果不错，东黑冠长臂猿不怎么往我的镜头方向看了。如果按照过去的快门声响，他们听到后总是会躲到密密匝匝的树叶里吃果子，很难拍好，更不用说拍到他们毫无戒备的样子了。今天母猿F3所处的位置不算好，但她在大青树上待了很久，也吃了很多果子，甚至还在树枝上呆坐了将近20分钟，幼猿就在她怀里吸吮着奶水。

　　1个小时后，大约下午1点，猿群离开大青树，往老狼洞山谷谷底方向移动，我收拾好器材随着转移，进驻光榕树下的新拍摄点。等到大约3点依然不见动静，我和台叔准备回撤时，突然听到树木的响动，随即发现了东黑冠长臂猿的方位。他们正往谷底移动，借助长镜头我看到了他们正在饱餐一种红色的寄生藤果实。大公猿正蹲坐在一棵树上，由于距离较远，我为长镜头装上了一部非专业的小画幅相机，虽然这部相机的成像质量不怎么好，但它有延长焦距的作用，可以把600毫米的镜头加长到960毫米使用。我将镜头对准了大公猿，勉强能看到他的眼神，便锁定了焦点。此时天色已暗淡了下来，快门速度很低，但我采取了高速连拍的方式来换取清晰度。

东黑冠长臂猿与其他长臂猿一样，最显著的特征是他们长长的四肢，上肢是下肢的1.5倍长

我在按快门时，余光瞟到一只母猿正往大公猿的位置移动，在母猿即将跨上大公猿所坐的树枝时，大公猿有意识地伸出手臂接了一下母猿。我完全没有停顿地按动着快门，居然拍到了这个难得的瞬间，而且得到了两三张清晰的照片。更惊喜的是，这只母猿还是怀抱新生儿的 F3！

我对今天的拍摄很满意。的确，之前保护区从来没有人这么近距离看到过东黑冠长臂猿新生儿的样子。台叔得知猿群添丁后也很高兴，晚饭时我特意陪台叔喝了一点米酒。

◀ 大公猿对 F3 这位新晋母亲十分关照，常常伴随左右

　　猿群昨夜住在老狼洞垭口附近，与大青树的直线距离不超过200米。今早发出两次激动的啼叫后，他们在老狼洞山谷谷底逗留至中午12点后离开，没有来大青树。

　　台叔一直在老狼洞山谷谷底监测着猿群的动向，我因为非常坚信他们今天很有可能来大青树，所以没有转移去老狼洞拍摄点。虽然今天一无所获，但我一点都没有灰心，也许是已经习惯了这样的拍摄节奏。

　　大青树的果实已经比10天前少了许多，乐观估计最后一批果实会在11月中旬成熟，因此这期间务必把拍摄重点放在大青树，错过就又得等上一年。

　　决定明天依旧守候大青树，无论等多少天，此次进山至少要拍到两次猿群上大青树的照片，否则就一直等下去。拍东黑冠长臂猿最好的方法就是有足够的耐心。

　　晚饭时台叔告诉我，他又看见了那只叫不出名字的动物。依他的描述，那动物头尾都像松鼠，尾巴卷在树枝上便于摘食果实。与松鼠不同的是，它脸部的黄色一直延伸到肚皮，背部为黑色。我在大青树也见过一次，但可惜没有拍照，希望这几天能与之再次相遇并拍下来，仔细看看它到底是什么物种。它的叫声也很特别，有点像警报声，短促而高亢，响彻山谷，听起来有点恐怖，一点都不像东黑冠长臂猿的叫声那样优美。

2019 \ 10 \ 19 ☁

    又是一无所获的一天，之前东黑冠长臂猿打破了自己隔天上一次大青树的规律，明天他们会来吗？不得而知。更换了一个拍摄角度，可使画面更加干净纯粹，我决心等到他们出现为止。

    天国今天进山，帮买了猪脚，还带了4只活鸡，接下来好几天粮草都会十分充足。虽然没拍到东黑冠长臂猿，今晚还是陪台叔喝了点米酒。台叔爱喝米酒，一喝就高兴，一高兴就会说明天东黑冠长臂猿一定会上大青树。我总是把他的话当真，这会让人充满信心、充满企盼。

    山里无风的日子有时候出奇的静，连飞鸟都没有任何动静，树叶掉落的声音显得格外清晰，有时感觉自己大肠蠕动的声音比白鹇在林间觅食发出的声响还大。

    今天两次在同一个位置透过帐篷看到了白鹇，它一副小心翼翼的样子，洁白而长的羽毛在深林里格外显眼，如仙一般。等到冬季东黑冠长臂猿活动相对慢且规律些的时候，要专门去拍拍这美丽的大鸟。

2019 \ 10 \ 20 ☁

　　今天的运气又打破了之前所创下的记录，拍到好几张清晰的特写。两天不见幼猿，他的手臂开始长一些绒毛了。今天猿群上大青树时完全忽略了我的存在，在静音连拍每秒5张的情况下，我依然按下了700多次快门，这种情况从未有过。东黑冠长臂猿在树上吃果子竟然超过了半个小时，而且全家都上了大青树，虽然我只拍下了4只，不过这个成绩与之前相比已经相当不错了。

　　今天晚饭时台叔和天国都很高兴，台叔又借故多喝了一点米酒，我说："喝酒高兴可以，但聊天声音要小点，别吵到长臂猿睡觉。"当然这是玩笑话。

　　今晚东黑冠长臂猿夜宿老狼洞和弄新山谷交界的垭口，在大青树移动路线范围，距离营地足有2公里。知道了东黑冠长臂猿过夜的位置，通常第二天都能拍到他们。

▲ 小公猿小五的出生一定程度上代表了猿群的兴旺，但母猿数量的增加才能让这一种群的
数量得到真正意义上的扩充，目前黄连猿群的5只小猿里仅有1只是母猿

夜里不到9点，我在米酒的作用下感到微醺，倒头就睡。在梦里听到台叔叫我："小黄！小黄！快来拍鼯鼠！我抓到它了！"我说着梦话回台叔："不可能的！"可台叔仍在叫我，我这才被惊醒，原来这不是梦！台叔着急地喊着："快点来，我抓到鼯鼠了！"啊？原来是真的！

我迅速钻出帐篷，穿着短裤快步来到台叔身边，满身酒气的他也只穿着大裤衩，正用手薅着一只大鼯鼠的尾巴，这个画面太不真实了！估计这只鼯鼠也吓得不轻，不停地奋力挣扎着，有好几次试图扭头咬台叔的手。我和赶来的天国在一旁不知所措，有点发蒙！这只大鼯鼠的体长相当于半个成年人的身长，厚实的皮毛红、白、灰相间，毛色油光发亮，十分漂亮。平时拍它伏在树上的样子完全没有现在近看这么直观。大鼯鼠挣扎着，在手电筒光下，我看清了它的眼神，一副可怜巴巴求饶的样子！我赶紧让台叔放了它，台叔似乎有些不舍得，我急切地大声嚷着："台叔！快点！快点！就要咬到您的手了！"台叔这才丢开它的尾巴，大鼯鼠一溜烟钻进了密林深处。真是虚惊一场！

今夜台叔起夜撒尿时能活捉大鼯鼠，我想应该是他老人家喝醉了的缘故吧！这样的野生大鼯鼠，就算是最有经验的猎人想要徒手抓到都是不太可能的事。之前已经拍到过这家伙好几次了，在夜里几乎总能听到它在房顶活动！经过这次的遭遇以后它还会来探访营地吗？

第二天果然如前一天预料的那样，猿群又上了大青树，之前定下的目标全部实现，提前出山。

▲ 猿群里的兄弟俩因采摘同一颗成熟的果实而发生了争执

相知相念　猿声悠悠

虽然东黑冠长臂猿也能直立行走，但这一物种是纯粹的树栖动物

2019 \ 10 \ 26 ☁

第十三次进山。

过去从古赖屯到营地通常需要2小时30分钟以上，今天居然只用了1小时40分钟，行进速度比之前快了许多。

这两天天气预报都显示有雨，两天之后便会是晴天。仍然要提醒自己、提醒台叔、提醒天国，务必要注意安全。

出山这5天，估计山里一直在下雨，今晚进了帐篷，觉得被子和睡袋都湿润无比，极不舒服，有时候真想一觉醒来便在大青树下等候，等待猿群的出现，等待激动人心的时刻降临。猿群近距离出现在镜头前时，连他们的气息都感觉很直接，让人着迷！

2019 \ 10 \ 27

阴雨天到处都是湿漉漉的，帐篷里也湿湿的，很不舒服。上午9点多，大雾逐渐散去才勉强看得见出发的路。

今天依旧前往大青树，到达时已是上午10点半，湿滑的山路极大地影响了行进的速度。大雾弥漫，能见度极低，这让我想起了去年12月底在山里出现过的类似景象。按照天气预报，明天的天气依旧如此。估计今天猿群在我们抵达大青树前已经摘食过果实了。

12点多，一只果子狸悄无声息地爬上大青树吃果子，勉强拍了几张，但光线实在不理想，效果很差。我觉得这样的天气应该容易见到白鹇，就把朋友从美国带回来的外接红外线感应器装在单反相机上，期望能拍到白鹇或其他野生动物。组装后的相机，居然被触发了将近1000次快门，但浏览照片时发现画面都是一样的，什么变化也没有，也不知道这玩意儿是怎么被触发的。

一直以来，东黑冠长臂猿可拍的角度总是太少太少，距离又总是太远太远，要想拍出精彩画面真是太难太难。

2019 \ 10 \ 28 ☁

　　凌晨5点25分，孤寂的深山之中，一夜冷雨到天明，淅淅沥沥毫无停下来的意思，这样的天气对于拍摄而言是一件十分糟糕的事情。这两天不停地查阅天气预报，发现晴天一再推迟，原来预报显示的是从今天开始放晴并持续4天，现在再看，又显示是从明天开始放晴并持续3天，耐心被这样的天气消耗着。然而即便是这样，今天仍然要前往老狼洞和大青树。

　　上午9点，我和台叔出发前往老狼洞，雨还没停，行走起来很困难，但还好不算太艰辛。

　　伪装帐篷覆盖的地方倒是很丁爽，躲在里面等待东黑冠长臂猿还是挺舒服的。雨一直在下，直到下午4点东黑冠长臂猿都没来树上吃果子。等待期间听到了来自100米以外的小猿的叫声，还听到一棵大树倒下的声音，动静很大。台叔推测，这是枯树被大风吹断了，同时也判断猿群应该选择了夜宿老狼洞范围，离大青树很近，这样的话他们明天到大青树的时间应该会很早。

　　回营地的途中雨终于停了，路上的石头有的已经开始变干。晚饭后，仰望天空，繁星点点，推测明天一定是好天气，有阳光的森林会让人感觉很惬意。明天猿群上大青树的可能性极高，预示着此次进山会有个良好的开端。

　　昨天安装在户外的红外线触发单反相机，经过大雨的昼夜不间断洗刷，居然一点没湿。相机被触发了3000多次快门，可依旧什么也没出现在画面里。这快门不会是树枝晃动都会被触发吧？出山后得再去请教一下专业人士。

▲ 看仔细了！这是一片叶子和一只昆虫（叶蜻）

2019 \ 10 \ 29 ☼

　　并不是东黑冠长臂猿近距离出现就一定能拍到照片的。今天东黑冠长臂猿上大青树时几乎都不在我的视线范围之内，一直躲在茂密的树叶丛里吃果子，根本没有拍摄的机会。我透过伪装网上下左右不停地来回搜寻，20多分钟过去了，几乎没拍到一张照片。后来他们离开大青树到旁边另一棵树上吃其他果子，我只能望着大青树发呆，情绪很低落。今天天气非常好，可能是我的期望值过高了。

　　在这样行走困难、几乎不怎么看得见天空的密林里，是很难追踪东黑冠长臂猿的。他们后来转移去了峁工山谷，我和天国也随之去了峁工拍摄点。虽然看到了东黑冠长臂猿，但距离远得不可想象，根本拍不到，照相机完全充当起了望远镜，只能用来观察他们的行踪。

　　下午4点20分，母猿F3带着她的2个孩子去了峁右垭口。4点半左右，台叔监测到他们躲进了一棵叶子浓密的树上睡觉——东黑冠长臂猿在秋冬季节一般下午4点多到5点便要睡觉了。我的情绪低落到无法缓解。

　　我让天国背上长镜头先回营地煮饭，我走在后面。经过"临窗"路段时，看见一棵光秃秃的构树上有一团黑影，我拿出相机放大看，居然是2只小猿！我知道这棵树曾是他们的过夜树，去年12月底，我曾在这棵树上拍下过1只母猿和2只小黑猿抱在一起熟睡的照片，今天见此情景我才反应过来，原来当时那只母猿就是F3！现在F3刚诞下幼崽，这2只小猿只

冬季的下午5点，东黑冠长臂猿便开启了他们的睡眠模式，这是猿群里的大女儿和她的三弟

能单独睡了，这点似乎有点像人类。

东黑冠长臂猿家族在过夜时，成员之间总是保持着一定的距离。今晚大公猿、母猿F3及幼猿们在谷底过夜，而母猿F1等3只猿睡在弄右垭口上，这之间足有300米远，有点夸张。我在思考早上大公猿的啼叫是否有召集大家起床的意思？虽然没见到大公猿和母猿F3的具体过夜点，但明早的第一次猿啼便能揭晓他们是否如我们今天观察到的一样夜宿山谷。

▲ 黄连猿群目前拥有8名成员，一夫两妻、4个儿子及1个女儿

2019 \ 10 \ 30 ☀

　　中秋过后，广西西南部夏季余温尚存，时晴时雨，温润的天气催熟了山里的各种野果，东黑冠长臂猿得以在这个季节大范围地在自己的领地里移动并寻找他们喜食的果实。尤其母猿 F3 刚诞下幼崽不久，需要充足的奶水来哺育小五，让其快速成长。

　　林子里有时静得连鸟儿们的动静都没有，我的肠子蠕动的声音都比微风摇动树叶的摩擦声清晰，肚子的叫声一次大过一次，不给它吃午饭看来意见不小。

　　估计猿群今天不会光顾大青树了，曾经在大青树上见到的那只黑背、黄腹、尾巴很长、现在还叫不上名字来的物种呢？果子狸呢？还有山椒鸟呢？这些家伙也通通不见了，它们是要让我在寂静的山谷里孤独的大青树下度过最寂寞的一天吗？

　　今天上午9点左右，确定东黑冠长臂猿往十号点方向去了，于是我和台叔、天国背上器材去往营地后山。这是我第一次去十号点，之前听他们描述过十号点极其难走，今天亲历了才知道他们说的一点都不夸张。十号点表面上没有八号点陡峭险峻，但松动的石头特别多，危机四伏，综合而言难度超过了八号点。关键是没有合适的位置进行拍摄，站在十号点山顶俯瞰山谷，视觉效果犹如航拍，距离太遥远了，在这里寻找东黑冠长臂猿的踪影，真如大海捞针。这个点用于监测是很不错的位置，可惜不适合拍摄，我们只好放弃了。

我在悬崖边吹着山风发呆了半个多小时后，决定继续前往老狼洞大青树守候，至少可以去确认一下猿群今天来不来，明天拍到他们的希望也就大几分。

在途中倒是见到一处成群的带叶兜兰沿着峭壁上的树根生长着，视觉效果非常好。这样的奇观颇为少见，等到明年三月花开时，要来此处拍一次，一定可以收获一张不错的照片。

晚饭时和天国、台叔聊天，说到前天在老狼洞听到大石头滚动的声音，没过几分钟还有一棵大树倒地的声音，如同有人伐木一样，但事实上根本就没有人在那儿。我想十有八九是熊出没，台叔和天国都在这一带见到过熊，他们说那是狗熊，因为嘴长得像狗一样。狗熊体重通常都在100千克以上，只有达到这样的重量才能在山谷里弄出这么大的动静。当然也有可能是其他大型动物。

野兽凶猛，以后得格外小心。

2019 \ 10 \ 31 ☀ ☁

　　凌晨2点06分，从梦中醒来，有些伤感。梦里与我的篆刻老师徐银森先生在杭州又一次相见，近两年里这是第二次梦到先生了。1999年10月最后一次在杭州与先生会面，转眼整整20年过去了。这次很清晰地记得梦里的情景：先生说，要再为我刻两方印章，我居然就在拍摄点的石头堆里翻找起石头来。晕，这种地方怎么可能有印材嘛！但找着找着居然真的翻出两块晶莹剔透的冻石来，上面居然还有印文，边款显示是先生1992年为我刻的印，我怎么一点印象都没有？那是两方闲印，我在梦里清清楚楚地看清了印章内容，然而梦醒后，却再也想不起来。

　　今天实在是有些累了，在八号点、四号点、大青树之间来回地走，都没遇到东黑冠长臂猿。腰酸腿痛，昨天受伤的手肘也有些隐隐作痛。

　　明天在大青树有收获的可能性极大，我计划先赶去四号点，再去大青树。安排台叔在八号点监测猿群的动向，希望他能看得到。

今天是守候大青树的第六天，虽然没有拍到东黑冠长臂猿，但意外地拍到了果子狸。

我们早上7点15分抵达大青树时，这个家伙正在树顶睡觉，一直睡到下午2点左右醒来，开始吃大青树上的果子，我上下左右不停地寻找角度却始终拍不到它，只能看到密密的枝叶后有些许动静。

台叔在山顶用望远镜看见了它，刚开始还以为是一只落单的东黑冠长臂猿，后来才发现了它长长的尾巴，大概判断出是果子狸。上个月27日，我曾经拍到过一次这个家伙。我聚精会神地盯着这棵树差不多5个小时，终于发现了它。它一副漫不经心的样子沿着与东黑冠长臂猿相同的行进线路，把树上熟透的果实搜寻了一遍。我按下了将近300次快门，并录了一段将近1分钟的视频。我自己觉得这真是很难得了，第一次如此清晰地拍下这个野生萌物，它的样子有些像一只刚睡醒的猫。

今早还目睹了那只叫不上名字的物种急速地路过大青树。起初我看见一个黑影悄无声息地跳上树，像无声电影一样，它应该是担心惊醒正在酣睡的果子狸吧。我立即把镜头调向右边，可不到几秒钟，它却从树的左边飞奔而下向老狼洞方向跑去，我急速地按下快门抢拍下三张照片，一张有头，可尾巴不完整，另外两张都只拍到尾巴，而且还虚了。这家伙的速度实在是太快了，1/400秒的快门都无法定格它。我心想：下次别再让我遇

▲ 这只食量惊人的果子狸趁东黑冠长臂猿不在附近时，爬上大青树饱食成熟果实

到你，否则一定把你拍清晰，好好看看你到底是何物！

下午5点返回营地，途经嵩工山谷"临窗"处，惊喜地发现上次见到的那2只小猿又在那棵光秃秃的构树上入睡了，3天前他们也是在同一棵树的同一个位置过夜。据台叔监测，大公猿和2只母猿在八号点同侧山腰上的一棵光榕树上过夜，明天他们全家光顾大青树几乎已成定局，但具体是几点，8点？10点？还是惯常的11点至1点？我们对他们明天可能的行进线路进行了分析，比如最有可能出现的时间、最有可能在哪棵树上整理毛发和休息等，并商量了应对措施，希望明天能拍到猿群的群像。

2019 \ 11 \ 2 ☁

　　守候十大青树的第七天，东黑冠长臂猿依旧没有露面，我此时也不希望他们出现，因为天气实在太差，阴暗潮湿，雨雾绵绵，没有好的光线很难有出彩的照片。

　　下午1点雨停歇了，果子狸开始到大青树上找果实，来来回回差不多1个小时。后来这家伙沿着树往下走，我以为它是吃饱了正要回家呢，结果它爬到大青树底部，在粗壮的树干之间把屁股冲着我开始拉大便。反正闲着也是闲着，这画面我也拍了几张。它完事之后居然又回到树上，再无动静，估计又开始睡觉了。

　　下午4点左右，天空微微放光，果子狸又开始觅食，它几乎走遍了这棵树上每一个有果实的角落，我的镜头居然也跟着它拍下了四五百张照片。这个点儿东黑冠长臂猿又该睡觉了。

　　今天仍未见到东黑冠长臂猿，这似乎已成常态。

昨天傍晚又开始下雨，直到今晨也没有停。东黑冠长臂猿虽未啼叫，但我和台叔都知道他们在老狼洞大青树附近过夜。

今天是第八天，东黑冠长臂猿无论如何也应该上树了。天气阴暗，早上7点过一些，勉强能看见路上湿滑且长满青苔的石头后，我和台叔开始往大青树出发。今天天国出山办事，我给了他700块钱，交代他买几只土鸡及一些蔬菜等补给带回来，因为我预估自己要8天后才能出山。

我和台叔刚到拍摄点，就遇见母猿F3带着她的2个孩子正在往大青树旁的一棵枯树上爬，我马上嘱咐台叔注意伪装，俯下身躲在伪装网后。东黑冠长臂猿近来在大青树上待的时间常常超过20分钟，不过有机会拍照的时间也就几分钟。

我取出相机装好长镜头，动作比平时快了许多，幸好昨天把三脚架留在了拍摄点，不用浪费时间重新支设。但天气实在太不好了，感光度设置在1600度，快门仍然到不了1/100秒，只能碰运气了，毕竟见到东黑冠长臂猿还是要拍的。这次上树的东黑冠长臂猿有5只，只听见果子狸惊慌失措地叫了几声便逃跑了。东黑冠长臂猿几天没来大青树，这家伙占山为王，吃喝拉撒都在这棵树上。

东黑冠长臂猿8点10分前上大青树的情况并不多见，不到9点他们便离开了。我和台叔望着大青树发呆，只能盼望明天的机会。要完全跟上东黑冠长臂猿的步伐几乎不可能，更何况森林里异常湿滑，危险很大。想到这次间隔了4天他们才来大青树，我们又开始悲观起来。

▲ 在构树上寻觅食物的小公猿老二

2019 \ 11 \ 4 ☀

　　大青树上那只果子狸实在是太讨厌了，东黑冠长臂猿没来的这几天，几乎天天都能拍到它，都觉得腻了。

　　果子狸靠嗅觉判断果实是否熟透。这只果子狸在大青树上找熟透的果子吃，吃饱了就拉，拉完就在大青树上睡觉，睡醒了又吃，一天下来好几次往复循环，还在我的镜头前晃来晃去，对快门声不以为意。刚开始的几天，它睡觉时还找个树叶浓密的地方躲起来，到后来竟然当着我的镜头呼呼大睡。连续5天，这家伙吃喝拉撒都在这棵树上，独霸一方，简直要把熟透的果实吃光为止，俨然把这棵树当自己的家了，对我也不见外，不知道情况的人还以为它是我饲养的呢。

　　大青树树顶上有一根不见叶子满是果实的树枝，我一直幻想着有一天，能抢拍到一只东黑冠长臂猿伸手摘这串果实的瞬间。这个画面背景特别干净，能拍到该多好啊！谁知今天这只果子狸把那串原本有22颗的果子吃到只剩15颗！

　　真想把这讨厌的家伙赶走，照这样发展下去，它会把东黑冠长臂猿爱吃的果实吃个精光的。现在大青树的果实估计仅剩30%左右，到不了下个月就会所剩无几，东黑冠长臂猿便可能不会再上这棵树了，我的等待也会越来越漫长。

阳光灿烂的时候，喀斯特森林如诗一般。

晨雾凝聚的水滴轻轻敲响森林里的树叶，晨光把山顶染成了红色，随着天空越来越亮，红色逐渐变成黄色并向山谷延伸，最终把整座山还原成绿色。早起的白翅蓝鹊叫得欢快，细尾松鼠悄无声息地在距离我不到2米的枝干上不时地探头张望，一副在和我捉迷藏的样子，可爱极了！

今天天气晴好，早上抵达拍摄点时还不到7点20分。猿群在离大青树200米左右的山坡上过夜。昨天他们没光顾大青树，今天他们所处的位置距离大青树又那么近，上树的可能性极大。希望他们能在10点前上树，那时的光线是这个拍摄位置最理想的。

果然不到10点，树上就有了动静，不过不是东黑冠长臂猿，而是猕猴。幸好它们几乎不吃大青树的果子，只是途径大青树，我顺手拍了几张照片，心里想着要是东黑冠长臂猿就好了。不熟悉快门声的动物总是会对着镜头方向好奇地张望，猕猴也是如此。

守候在大青树差不多半个月了，今天我得改用高速快门，提高拍摄的成功率。今天东黑冠长臂猿完全没有在意我伸出伪装的镜头，他们上树时途径我头顶上方来到了我的镜头前面。母猿 F3 怀里小家伙的脸明显变黑了许多，头上长出了一撮尖尖的黑发，身上和手臂上也长出了一些黑毛，眼睛睁得大大的，手还不停地抓来抓去，这两天应该满月了吧。

明天准备前往六号点，路程非常遥远，行进极其艰辛，但那里有一棵很漂亮的树，要是能拍到东黑冠长臂猿在这棵树上的群像，那将会是一幅接近满分的作品。

▲ 母猿 F3 怀里的幼崽出生还不到 1 个月但已长出了黑色毛发

2019 \ 11 \ 6 ☀

今晨6点40分，出发前往六号点，那里算是猿群领地里最远的一个点，距离营地差不多4公里。

抵达山顶后，发现猿群果然在山谷里。这里居然也有一棵大青树，与老狼洞那棵不相上下。他们正在树上，能清晰地听见他们"交谈"的声音，但就是看不见，原本设想在这里能拍到猿群的"全家福"，现在看来没那么简单。他们理毛休息时全躲在枝叶繁茂的树中，直到11点才开始露面，距离远得不可想象。

东黑冠长臂猿都是单独行动，各自觅食，彼此之间有相当大的间距，想要拍到"全家福"估计得等到来年1月天气较冷的时候了。因为今年1月的时候，我就见到过他们三五只抱团取暖。六号点山谷也算是个不错的拍摄点，有很多大树，到了冬天会有很多光秃秃的树干，也许会有很好的拍摄机会。

虽然今天拍不到东黑冠长臂猿，但见到了他们的行踪还是让我心情不错，同时也为推测他们明天的移动路线提供了一定的参考。如果今天依然死守老狼洞大青树，将又

是一无所获的一天。

　　下午2点左右，我们返回老狼洞山谷谷底。在老狼洞顶部，我又发现了一处相比之前更好的拍摄位置，明天准备在这里布置伪装。这里连藤蔓都不怎么需要清理，如果有东黑冠长臂猿在近处的一棵光榕树上觅食，背景会非常干净，应该能拍到想要的照片。

　　今天在六号点虽没拍着东黑冠长臂猿，但能征服这崎岖难行的喀斯特石山还是蛮有成就感的，为今后的拍摄提供了更多的可能性，也加深了对东黑冠长臂猿习性的了解，因此心情并不沮丧！

　　今晚杀鸡，在营地的一棵树下留下了鸡肠子，又引来了鼯鼠，就在我写日记的此刻。但今天实在太累了，不想拍它。

▲　密林之中一只正在等待食物上门的变色龙

2019 \ 11 \ 7

据天气预报显示，今天是晴天，可唯独在东黑冠长臂猿上大青树时变成了阴天。我以为不会再拍到母猿F1怀抱幼崽的画面了，她的幼崽现在2岁多，基本能自己爬树觅食，极少在母亲怀里，今天的画面很难得。虽然清晰度不是很高，但也算弥补了去年第一次来时的遗憾。可惜没有拍到怀抱幼猿的母猿F3。

之后，猿群离开大青树前往老狼洞山谷谷底，我迅速收拾好摄影器材前往昨天设置的伪装拍摄点。很遗憾新设置的拍摄点在左边，他们却从右边出了垭口。到了中午12点，他们完全翻出老狼洞后，我们便只好返回营地。

回到营地放下摄影器材，我叫上台叔和天国，带上砍刀去往四号点。已经有4个月没去那里了，我们看见伪装网几乎被藤蔓淹没，台叔和天国用了差不多1个小时来清理。

返回山顶时我走在最前面，抵达山顶后我听见树有响动，开始还以为是猕猴，但又听到一声很轻微的猿叫声，当时觉得真是太不可思议了。因为老狼洞与四号点之间有4个山箐，再加上现在已经4点半了，一切都不太符合我们平时观察总结出的经验。当然我也见识过东黑冠长臂猿不觅食直接移动的速度，的确十分快，今天这种情况只有一种解释：他们为了来四号点过夜，没去箐马肠山谷，而是沿着八号点的山梁直接过来的。

　　我和台叔小心翼翼、轻手轻脚地赶到四号点的监测点，确认他们是否真的是来四号点过夜。我们刚在四号点坐定不到5分钟，就看到2只黑猿正准备睡觉。过了一会儿，我们右手边也传来一阵树动的声音，我很确定是有1只猿在那儿。声音在离我们不到3米的一棵树上戛然而止，我们看到一个黑影上了这棵树。又过了几分钟，黑影露出了面目，我一眼就认出她是猿群里的大女儿！我们四目相对了近3秒钟，我一下子呆住了。这么

近距离地见到东黑冠长臂猿是通过任何镜头都无法得到的效果，连她的毛发都清晰可辨。

台叔后来感慨，这是十几年来第一次这么近距离看到东黑冠长臂猿。当时，我能感受到她毫不惊慌失措，面对我和台叔连一点好奇的表情都没有，很自然地往四号点山谷跃下。

很庆幸今天四号点的拍摄点清理得十分及时，在猿群抵达这里之前1小时便清理完毕。还确定了今晚他们在这里过夜，明早我可以早早地潜入山谷谷底的伪装里。

连续3天来，我们几乎完全跟上了猿群的行踪，这对拍摄来说是十分有利的。这一次进山以来已经完整地看到他们在自己的领地走了一圈，而且针对黄连猿群的所有监测点，不论远近我也都去过了。这一次进山的收获，让我对之后的拍摄又平添了几分把握。

◄ 她是猿群里的大女儿，是一只未成年猿，当她长到9岁左右，毛发就会变成黄色。而公猿的毛发则从生到死一直保持黑色

相知相念　猿声悠悠

不过，经过一段时间的细致观察，我发现东黑冠长臂猿无论是觅食还是睡觉，都极少凑到一块，因此要拍到他们的"全家福"或4只以上聚在一起的群像，难度真不是一般的大。

▲ 东黑冠长臂猿母猿颈部的黑毛一直延伸到背部，这也是他们区别于西黑冠长臂猿最明显的特征

2019 \ 11 \ 13

第十四次进山。

今天是第一次在进山途中遇到这么大的雨，路反倒不怎么滑了，比想象中好走很多，就是人被淋得全身湿透。

气温很明显已达到广西最低温，刚入冬就这么寒冷并不多见，这都是北方一股强冷空气南下所致。

此次进山台叔没来，估计以后也不会叫台叔进山了。昨天从南宁出发时给他打电话确认，说好今天中午12点进山，昨晚我住在靖西市区，今早7点，台叔打电话说他要去喝酒，叫我明天再进山。明天进山？天气预报说明天天气转晴，并且这两天又该是东黑冠长臂猿转回老狼洞的时间段了。台叔的临时变卦令我很生气，我总不能住在酒店里干等着他喝完酒，第二天再进山吧！天国今天也有别的事情，他提前两天就与我说好，要明天才能进山。我们这个三人团队，除了台叔，就数我对东黑冠长臂猿最为了解了，希望今后的拍摄会慢慢地顺利起来。

遇到今天这样的情况，我只好临时向保护区求助，李兴康帮我另外请了一名叫兰叔的护林员替代台叔随我进山。

冷静下来后，也不再怨台叔了，我拍摄东黑冠长臂猿这件事其实很多朋友都不是很理解。还是要感谢台叔1年多来对我拍摄的帮助，等这次出山，还是要把放在车上的米酒给他送去。

▲ 手脚并用吊挂在树上的小公猿老三正在悠闲地进食

▲ 成年东黑冠长臂猿的体重为6~10千克，较小的身躯让他们极易在枝叶间藏身

2019 \ 11 \ 14 ☁

　　早雨晚晴，中午过后天朗气清，守候在大青树一整天，一无所获，连果子狸也不见了。

　　现在大青树上的果子估计还剩下两成左右，东黑冠长臂猿上树的机会将越来越少。今天没有听到猿啼，之前也遇到过几次这样的情况，在早上下雨或天气不佳的情况下，东黑冠长臂猿都不啼叫。

　　上午大约10点，听到树响，并伴有小猿低沉的叫声。接近12点时，所有的声音又都消失了，很明显他们应该是翻越了老狼洞往崒新山谷方向移动了。

　　今天只有我和兰叔，没有了台叔在八号点监测，处于密林之中犹如瞎子摸象。即便如此，仍旧守到下午4点半，防止猿群有回头的情况。猿群明天也有返回老狼洞的可能，因为今天他们没来大青树。

　　回到营地，天国也刚到，带了3只土鸡进来，防止数天后出现食物匮乏的情况。我拿出对讲机和望远镜交给天国，从明天开始由他替代台叔的工作。在拍摄东黑冠长臂猿将满1年之际，助理团队重组，希望拍摄进度不会受到影响。

2019 \ 11 \ 15 ☁

　　山风每刮1分钟，大青树的叶子就飘落下20余片，这预示着山里湿冷的冬天正在走来。

　　昨天和今天2个晴天都没有拍摄到东黑冠长臂猿。更多的机会估计要等来年秋天了。

　　快到下午3点时，我判断东黑冠长臂猿不会从峑工山谷翻越八号点垭口光顾大青树了。天国在对讲机里说东黑冠长臂猿一直在峑工山谷谷底休息完后吃东西、吃完东西又休息，大概他们又要在峑工山谷过夜了。

　　我和兰叔收拾好器材赶往峑工拍摄点，从长镜头里看到，在一棵光秃秃的树上，大公猿已在睡觉，这时还没到3点，这么早睡觉？我紧盯着之前拍过的有2只小黑猿睡觉的过夜树，坚信他们会在同一地方选择同一棵树夜宿。可盯了一段时间后发现，几乎所有的成员包括2只母猿在内都在往山脚方向活动，这时已经是下午4点40分，"掉队"的大公猿也只好跟了过来。这也许可以证实在族群里大公猿根本没有话语权。

　　将近5点时，猿群开始往八号点同一侧的山梁上爬，可以确定这是他们夜宿的地方了。

　　十有八九明天他们会去老狼洞大青树一带，如果真是如此，明天将有希望拍到我设想中的超级特写。

▲ 这是黄连猿群的"男主人"大公猿，负责交配及保障猿群的安全

2019 \ 11 \ 16 ☁

　　今晨6点便开始飘雨，赶去大青树的途中看到有的地方还是干的，雨滴尚未穿透密林。但朝向八号点下方的垭口已经湿漉漉的，石头滑得无法立足。下午4点半返回营地时，雨依然没有停歇，我们几乎是爬着回来的，稍有不慎，极易摔倒。

　　我在想，明天该如何是好？连续3天都是雨天，虽然雨并不大，但能见度极低，足以让喀斯特森林危机四伏。

　　上午9点整，母猿F1轻盈地荡上了大青树，完全没有声响，随后猿群依次全上了树。雨天的光线可想而知，勉强拍了一些照片。我发现雨天的时候他们在此停留的时间会长一些，动作也迟缓一些。今天他们吃果子的时间并不长，但躲雨休息的时间长达1个多小时，并且不啼叫。

　　猿群撤离大青树后，往下方的老狼洞而去。我想这下应该可以在老狼洞新拍摄点拍到一些照片了，于是和兰叔艰难地转移到了老狼洞。可猿群在大青树附近一棵掉光叶子的树旁停了下来，距离老狼洞不足百米，还能听到他们的响动及小猿的叫声。大约1个小时之后，他们钻入一棵茂密的大树，再无动静，如消失一般。

　　按照往常的情况，他们是一定要到老狼洞来采食光榕树的果子的，这帮家伙怎么又不按照常理出牌？我和兰叔在风雨中足足等了5个小时，躲在伪装网后看着光榕树上密密匝匝的熟透的果实发呆，大气都不敢出，连

猿声悠悠
相知相念

▲ 猿群的大女儿多次近在咫尺，而她常常以一种忽略熟人般的态度对待我

咳嗽都要用衣服捂住嘴巴，尽量把声音降到最低。

　　也许是因为雨一直未停吧，通常下雨时，东黑冠长臂猿的活动范围会变得很小。明天再前往大青树看看能否再次证实雨天东黑冠长臂猿不做大范围移动。

▲ 雨雾天气下，猿群基本不会做大范围移动。这是小公猿老三刚睡醒的样子

2019 \ 11 \ 17 ☁

　　不同于植物有花开花落、鸟类有固定的繁殖季节，东黑冠长臂猿的行为像人一样，有很强的随意性，因此拍摄东黑冠长臂猿没有最佳季节。

　　今早我潜伏在老狼洞新拍摄点，而他们居然来到我背靠着的一棵光榕树上，光线、角度，要什么没什么，小黑猿把我看得清清楚楚，我却连焦都对不上，根本看不清他们的眼睛在哪里。

　　又是一次近距离接触，虽然拍不到照片，但感觉还是很奇妙的。他们也来到了我镜头前方，但基本没露头，我仅拍到半只黑猿，真是再好的相机也没有用。

　　看到母猿 F3 带着幼猿往大青树方向走，我想到猿群也有过连续 2 天上大青树的记录，于是又转移到大青树拍摄点。但一直到时间超过下午 3 点也没有看到他们，希望越来越渺茫。中午 12 点左右曾听到小猿在大青树附近的叫声，下午 3 点还听到来自八号点垭口的树动声，这些都给枯燥的等待带来些许安慰。可在八号点山顶的天国完全没有听到一点声音。

　　一天之中能遇到一次东黑冠长臂猿都算是极其幸运的了，要想在一天之内拍到几次简直比登天都难，关于东黑冠长臂猿习性的那些经验常常一点用都没有。今天东黑冠长臂猿就此消失得无影无踪，明天又得重新听猿啼来猜想了。

　　监测东黑冠长臂猿，眼力和听力都要好，天国的听力似乎比台叔差了很多。看来下次进山叫上兰叔一人即可，其他的一切都得靠自己了。

2019 \ 11 \ 18 ☁

　　今天又是一无所获的一天。大青树上枯黄的叶子不停地掉落，果子也只剩下不到两成，这是东黑冠长臂猿今年在这里能采食的最后的果实，也是我近距离拍摄他们最后的机会了。

　　上午9点半左右，峑新山谷传来一群东黑冠长臂猿的叫声，说明昨天他们没回老狼洞。是否往更远的地带移动了？不得而知。今天等不到猿群也在预料之中，这让明天他们光顾大青树的概率又大了许多。他们上大青树的时间间隔越长，再次上树的可能性就越大，毕竟东黑冠长臂猿自己也知道他们爱吃的果子即将掉光了。

　　下午大约4点半，我走出伪装帐篷，再次观察大青树，然后在距离大青树10米左右的地方，为明天的拍摄选择了一处更近的拍摄点。我简单搭了一片伪装网，计划明天手持相机，再穿上伪装衣，使用300毫米定焦镜头。虽然角度会窄一些，但有一两组树干非常漂亮，也是东黑冠长臂猿常常荡来荡去的树干，相信如果在这个角度拍到他们的话画面会很不错。

　　按照天气预报，明天天气将转好。虽然截至目前已多次拍到东黑冠长臂猿在大青树上的画面，但几乎都没有太好的光线。经过长时间的观察，发现拍摄这里的最佳时间是上午8点半至11点及下午3点半至4点50分，其余时间光线都会被挡住。在山谷里拍摄与在山外开阔的地方拍摄太不一样了。

　　老二是一只7岁多的小公猿，今天他吊在我头顶上方的一棵树上，拨开树叶好奇地凝视着我。打量许久之后，他并没有仓皇而逃，而是又把树叶拉回来将自己挡住，然后继续和猿群的其他成员一起在树上摘食果实，显得悠然自得。类似这样的画面能用眼看到、用心感受到，却拍不到。

　　猿群偶尔会从我头顶上方的树冠上经过，有时候距我仅10余米。在过去1年的拍摄时间里，我已记不清东黑冠长臂猿有多少次像这样经过我头顶上方或是近距离地与我四目相对。而我，与东黑冠长臂猿这一物种也逐渐由相互陌生到相互熟悉，由相互好奇到相互接纳。我想，作为一名野生动物摄影师，这才是开始进入了状态。最近半年来，他们也开始频繁地出现在我的梦境里。

　　大公猿和母猿、小猿相互拥抱这样的动作预示着他们接下来要相互梳理毛发。这在人类看来是十分亲昵的举动，我今天有幸近距离地看到并拍到了。

　　今天，在老狼洞新拍摄点，我与猿群简直是在比耐心。

　　他们下了大青树后便来到老狼洞新拍摄点的对面吃寄生果，盼望已久的想在那棵结满果实的光榕树上拍到的画面今天也拍到了，虽然照片效果不是很好，但证实了我之前的判断：这确实是他们喜欢的果实。

　　大概上午10点半，他们躲进了老狼洞垭口下方一处阴暗的地带，我并

△ 这是大公猿和母猿 F1 的深情相拥，之后他们便相互为对方梳理毛发

没有离开，而是继续等待，因为没听到他们翻越弄新垭口的动静。

大约下午1点，在距离我50米左右的地方，赫然出现了面容有些沧桑的大公猿，他正盯着我看，像是端详熟人一般。与此同时，母猿F1所生的另一只小公猿，今年刚满2岁的老四，不停地在一旁跑来跑去，还时不时伸出小手挠他的大公猿父亲。随后小家伙一头扎进大公猿的怀里，大公猿给了他一个拥抱。接着老四露出肚皮，大公猿便开始为他清理毛发。不到半分钟小家伙又哼哼唧唧地跑开了，不一会儿又跑回来，往复好几次，大公猿依旧耐心十足地为他理毛。小公猿像极了人类刚学步的小孩，在树干上跑来跑去，却又踉踉跄跄站得不太稳。

今天与东黑冠长臂猿比耐心，显然是我胜出了。

后来猿群直接经过我头顶上方的一棵大光榕树，翻越八号点左边的山梁而去。相信明早他们啼叫的地方会是八号点垭口一带，明天一早我会在山顶垭口对面等着他们。

真恨不得加入他们，一起翻山越岭。至此，我们算是熟人了！

▲ 食物残渣还留在嘴角，母猿 F1 怀里的老四这模样像极了幼儿园的小朋友

△ 小公猿老四踉踉跄跄地走在树干上，刚满2岁的他这时只能在母亲的视野内小范围独自活动

▲ 刚满1岁的小五还不能完全感知跌落树下的危险，母亲长长的手臂为他提供着有效的保护

2019 \ 11 \ 20 ☁

天气预报说今天是晴天，可天空却断断续续地飘着雨。

原本的计划是如果有太阳就守八号点山顶，如果是雨天就不爬八号点了。昨天猿群夜宿八号点对面的山腰，我猜想如果下雨，他们行动会很慢，估计会上大青树后才翻越鼻眉底山谷而去。

预料得一点没错，上午10点半左右，在伪装网的后上方听到了小猿的叫声，并且开始伴有树动声。我知道他们这是在往大青树而来。我低声告诉兰叔："他们11点左右会上大青树。"此次的判断连我自己都觉得东黑冠长臂猿完全是在配合我的猜想。

上午11点10分，母猿F3带着她的孩子上了大青树，大公猿也上了树，似乎是在旁护驾一般。母猿F1带着族群的其他成员，经过我的伪装帐篷左侧直接去了谷底。

猿群连续2天上大青树很难得，并且还是在中午12点前。更何况今天我计划要出山，他们是为了不耽误我出山的行程吗？母猿F3和她的孩子及大公猿在树上停留了20多分钟，怎么感觉他们今天是在为我送行呢？

看着他们仨也去了谷底和其他成员汇合，我知道他们接下来会在下午3点前后翻越老狼洞去往鼻眉底山谷方向，而我则要出山了。有些失落，有些不舍。

▲ 2岁多的小猿在母亲的注视下开始了他丛林生存技能的学习

第十五次进山。

转眼间，观察拍摄东黑冠长臂猿整整1年了。

我以前从未见过有动物如此像人。他们每只手拥有5根手指，吃野果的时候会挑选、会剥皮，照顾孩子无微不至，对长辈有敬畏之心，甚至有时候他们的情绪表达也十分细腻！

当地一位梁姓老猎人说，东黑冠长臂猿手可抓飞鸟，动作快若闪电。他讲述了一段令他感触颇深的往事：20世纪80年代，他在一次打猎途中，发现了一公一母2只东黑冠长臂猿，母猿还怀抱1只小猿。在追踪了他们几公里之后，他看到逃跑的母猿把怀里的幼猿像抛篮球一样抛给了在10米开外的公猿，而公猿稳稳地接住了小猿。见此情景，他放弃了追捕，之后再也没有捕猎过东黑冠长臂猿。他说，在他们的眼神里他感受到了灵性，他们太像人了！

这次进山与以往同一时期相比气温低了很多。今天只有5℃，山风肆虐，有些刺骨般的寒冷。

今天在旧州买了两斤半黄牛肉，这次只有我和兰叔两人在山里，准备吃两餐的牛肉显得有些多了，于是切了约半斤来烤，味道实在妙不可言。为御寒，我特意带了两瓶高度酒进山，晚餐时，游说兰叔也喝了一点，我俩都觉得这酒不错。

吃完饭，泡了个脚，晚上9点准备睡觉时，突然听到有人唱歌！森林之中，荒山野岭，太诡异了！兰叔说，这应该是从几公里以外的越南村庄传来的歌声。夜宿无人的边境，有时候我也能听到来自中国这边的汽车声，越是安静的地方越容易感受到外界的嘈杂。

　　我时刻提醒自己：在追踪东黑冠长臂猿时千万不能越境，并要与边境线保持一定的距离，只希望能早点拍到猿群"全家福"，结束拍摄。

▲ 冬季寒冷的森林中，母猿F3把幼猿捂在怀里

2019 \ 12 \ 2 ☀

　　这一年来的经验告诉我，天气晴好的时候，总是难遇见东黑冠长臂猿。

　　今早，猿啼声从老狼洞左边山腰传来。在这个季节，蹲守的位置似乎除了大青树也没有太多的其他选择。东黑冠长臂猿一旦上了这棵树就容易拍到特写，不过现在树上仅存一成果实，东黑冠长臂猿上树的间隔时间比之前变长了很多。

　　9点半左右，猿群第二次啼叫，位于八号点对面垭口，这个位置已越过大青树。也许昨天他们刚刚来过，毕竟今天是此次进山拍摄的第一天，之前猿群的移动路线只能靠猜测。担心他们会走回头路，因此必须守候到午后，这是一个猿群翻越山谷的时间节点。

　　大概1点半，我收拾好器材和兰叔往峹工山谷转移。沿途没有听到他们的动静，我更加坚信他们已经去了峹工山谷。峹工山谷的"临窗"位置是一个不错的监测点，我们刚到，便远远地见到一个小黑团在树冠上荡来荡去，我悬着的心终于放下了。今天即便拍不到他们，也知道了猿群行踪，对于判断他们明天的路线是有帮助的。

　　猿群在峹工山谷谷底待到下午3点半便没有了动静。这个时间又到了他们选择过夜树的时间点。"临窗"位置左边山腰是视觉盲区，我什么也看不到。4点半回到营地，稍作休息后，我又带上望远镜前往四号点，没有发现猿群过来，估计他们今晚夜宿峹工山谷了。

2019 \ 12 \ 3 ☀

　　今天天朗气清，但是冬日的阳光居然一整天都照不到四号点的左下角，本来有3只东黑冠长臂猿进入了这一区域，拍摄距离也很合适，可光线不足，拍到的照片效果不怎么好。

　　有时候，明明是晴天，可在按下快门的那一瞬间，总是没有光线，太奇怪了。似乎这样的情况常常出现，也许是自己心态不好才得出这样的结论。

　　今天对猿群位置的判断很准确，他们果然在营地下方开始第一次啼叫。早上7点40分，我果断和兰叔前往四号点守候，8点半左右，大公猿出现在拍摄点对面并开始第二次啼叫，身影肉眼可见。10分钟后，猿群向大公猿的位置集中。一般猿群出现第二次啼叫，尤其在天气不差的情况下，很容易发生合啼的行为。一旦有合啼，所有成员都会活跃起来，容易被看见。原以为今天会有好运气拍到"全家福"了，然而猿群就是没有合啼，希望再一次落空。

　　猿群随后躲进一棵浓密的冬青树，休息了约半个小时，接着所有成员开始往谷底移动。我和兰叔轻手轻脚地转移至谷底拍摄点，猿群就在眼前活动，但浓密的枝叶藤蔓让我只能感受到他们的气息却拍不到。

　　大约12点，又一点动静都没有了，连小猿的声音也听不到，不过他们应该仍待在原地理毛、午休。直到下午3点，他们才又出来开始活动，我

的耐心得到了回报，近距离按下了好几百次快门。

　　下午4点左右，他们越过我头顶上方寻过夜树而去。可以确定的是，他们在四号点过夜了。

在构树上活动的大公猿。他是▷
黄连猿群里唯一的成年公猿

2019 \ 12 \ 4 ☀ ☁

今天感觉比昨天更冷，早上7点40分，从四号点的右边山腰传来了猿群的啼叫声，难道他们要从原路返回�工山谷？大约9点半，第二次啼叫开始，我盼望的合啼出现，猿群也聚在了一起，可他们全躲在一棵浓密的冬青树里，根本看不见。

猿群没有翻越垭口，而是又下到了四号点山谷谷底。我转移到位于悬崖上的四号点拍摄点监测，俯拍了一些照片，但距离实在太远。今天他们有点奇怪，觅食的路线几乎跟昨天一样。中午12点，我看到大公猿在午休，其他成员也停止了活动。我和兰叔又像昨天一样，小心翼翼地转移到谷底，尽可能不惊扰到他们。

我们到达谷底后，看到一簇黑团团趴在树干上一动不动，原来是大公猿和2只小猿在休息。正当我在伪装网里架设相机时，被坐在正对面一棵构树上带崽的母猿F1发现了。

预测到这母子俩可能要离开，我迅速用镜头锁定了他们。20米开外，我清晰地看到，F1伸出她那长手臂想拉小儿子老四，可在一旁玩得正兴起的老四全然不理会，而是用一双小手推开了母亲的大手掌。这个动作重复了2次，失去耐心的F1一把扯过老四，用力地丢进自己怀里，老四这才自然而然地抱住了母亲。我被这个场景惊呆了，这是动物吗？生气的母亲、不听话的小孩，完全可以比对人类了！

随后，F1带着老四轻盈地荡到了大公猿所处的位置，他们躲在浓密的树荫后面，我意识到这是我第一次遇上5只猿聚集在一起，尽管内心无比激动，却没法拍下一张好照片。

▲ 猿群里贪玩的老四不愿离开这棵构树，被母亲强制带离

2019 \ 12 \ 7 ☀

　　四号点一别，又是3天不见，今晨连猿啼都没有了。内心再次产生了挫败感，只想一觉醒来便在追踪东黑冠长臂猿的途中。

　　在遮天蔽日的森林里，拍摄空间十分有限，"临窗"的位置很少，遇到东黑冠长臂猿的概率更是少之又少。黄连猿群栖息的领地覆盖了15个山谷，保守估计不少于10平方公里，而能设置拍摄伪装的地方仅有3个山谷，其他地方根本无法翻越，唯一能拍到他们的办法就是等。

　　今天在大青树守候了一整天。去年这个时候，东黑冠长臂猿还会光顾大青树，据此判断今年应该还可以最后拍一次他们上大青树的画面。计算了一下，猿群已有7天没去大青树了，难道这次要打破连续等了9天没见到他们上树的记录吗？

　　前几天还觉得他们太像人了，现在又觉得这帮家伙一点人情味都没有，不按常理出牌。

　　从早上7点等到下午4点，整整9个小时的等待一无所获。我依然不甘心，撤回营地后，带上望远镜去四号点搜索。

　　我心想，3天前他们在四号点连住两晚后离开，应该不会这么快回来吧。可偏偏就是让人意想不到，我在四号点用肉眼看到了母猿F1，后面跟着1只小黑猿，正从岜工垭口过来寻找夜宿树，但不到1分钟便不见踪影了，用望远镜几番寻找也找不着。我兴奋地告诉兰叔：他们又回四号点住了。

2019 \ 12 \ 9 ☀

　　山里的日子的确有些难熬。现在基本都能见到东黑冠长臂猿，与之前相比，预测他们移动的路线已经不成问题，但要想拍到一张近距离的特写，却始终是个大问题。

▲　东黑冠长臂猿能够攀着细细的树枝轻盈地越过树木之间不小的距离

昨天，东黑冠长臂猿没有合啼，只有母猿F3怀抱幼猿单独啼叫了40多分钟，每一声都很短，不像平日合啼时那样声音绵长，应该是警示性啼叫，这种情况十分少见。后来大公猿跳到F3身边，拥抱了她好长一段时间，她那孤独而略显凄凉的叫声才逐渐停了下来。是因为天气太冷吗？还是担心她怀里还不到2个月大的婴儿？

今天，大公猿和母猿们合啼后便从四号点垭口翻越至岽工山谷。在这个季节，他们十分喜欢采食一种寄生在构树上的红色嫩叶。接近下午1点，F3的单独啼叫又开始了，而且持续了差不多40分钟。要知道东黑冠长臂猿一般在午后是不会啼叫的，况且这种声音不像平日里那样轻松自然，似乎很警觉、害怕，听起来有一种莫名的悲凉，F3的样子看起来也确实没有平时那么精神。我实在弄不明白其中缘由，但愿F3和她怀里的孩子都安好！

下午2点，在岽工山谷谷底，除大公猿陪伴在F3母子身边外，母猿F1也出现了。保护区的人曾告诉我：猿群里2只成年母猿为母女关系，F1是F3的母亲。见到2只母猿并列坐在一起，我来不及架设三脚架，手持相机迅速地拍下了一张精彩的照片。2只母猿各怀抱1只小猿出现在同一画面的情况并不多见，至此又获得一张满意的照片。

如若猿群全都聚集在一起且进入同一画面，那则可以称得上是罕见了，那也是我一直梦寐以求的“全家福”画面。

▲ 大公猿依偎在母猿 F3 身旁

2019 \ 12 \ 10 ☀

在山里，令人最放松、最沉醉的便是听东黑冠长臂猿的啼叫声，尤其近距离听到更是相当震撼。东黑冠长臂猿的啼叫声十分优美且极具穿透力，有升调，有降调。大公猿的声音特别绵长浑厚，通常在大公猿啼叫约十几分钟之后，母猿便会与之应和，山谷里顿时一片欢腾，哪怕是最动听的鸟叫声与之相比都逊色不少。

他们的啼叫行为，尤其是长时间的啼叫常常发生在晴天，有时日出后天色微亮便开始，但中午 12 点后，尤其在下午便不会再啼叫了。猿啼是我每天拍摄开始前判断分析他们移动线路的主要依据。

专家认为，东黑冠长臂猿的啼叫声主要具有宣示领地的作用。但经过长时间观察，我认为，除宣示领地外，猿啼还有唤醒和召集的作用。东黑冠长臂猿夜宿时，族群成员各自选择的树枝之间都保持着距离，有时候虽然同宿在一个山谷，但有的成员之间最大距离甚至超过了 300 米。当夜宿距离相当大时，如果不通过啼叫声交流，在密集的树丛里是很难相互看见对方的。

这次进山总体运气不差，收获了 3000 多张照片及几段视频，创下了进山以来的最高记录，对于他们行踪的判断也达到了基本准确。遗憾的是，总拍不到"全家福"。

想要给东黑冠长臂猿家族拍张"全家福"，难度不是一般的大，他们要集中在一起本身就是一件很困难的事。根据观察，唯一的机会就是猿群在合啼时喜欢凑在一起，但是往往在这个行为出现时，他们与我的距离都超过200米。

决定明天去大青树碰碰运气，这位置可能是今年最后的拍摄机会了。大青树上的果实一旦掉光或被吃光，猿群即使经过，也不会长时间停留。

截至目前，我的拍摄时段已完整地涵盖了春、夏、秋、冬四季。

▲ 冬末春初是山里青黄不接的时节，母猿 F3 为了保障自己能有充足的奶水，极力寻找着构树芽苞

▲ 枝繁叶茂的夏季，岭南酸枣树上的大公猿像一团黑影

▲ 秋末冬初，冷雨袭来，母猿把幼猿捂在怀里为其保暖

▲ 冬天食物匮乏，大公猿显得愁容满面

猿
声
悠
悠

相
知
相
念

2020

1 \ 1 ☁

第十六次进山。

已经进山5天了，不仅没拍到东黑冠长臂猿，连猿啼都没有听到，实在懒得写日记。

此行在山里遇到了中山大学生命科学学院的范朋飞教授。中国境内东黑冠长臂猿的种群数量、种群分布以及栖息地范围，都是由范教授的研究团队来确定的。

我之前对范教授做过一些了解，得知如云南高黎贡山白眉长臂猿，就是经他的研究而证实为新物种并被命名为天行长臂猿的。这一结论也获得了国际学界的认可，是野生动物学界一项卓越的学术成就。

但我万万没想到，范教授竟然是一位已经当了9年正教授的"80后"！这样年轻且资深的专家在国内并不多见。如果没有范教授10余年的研究积累，没有他关于东黑冠长臂猿的学术成果支撑，邦亮也不会这么快升级为国家级自然保护区。更令人佩服的是，范教授在山里行走的速度很快，护林员和我要跟上他的步伐都有些吃力，看来真正的野生动物学家是在山里走出来的！

▲ 跑在猿群最前面的小公猿老三回望身后其他的家庭成员

　　作为一名野生动物摄影师，能够从专家那里获取到关于东黑冠长臂猿的知识，真的太有帮助了。回到营地后，只要范教授稍有空闲，我便会凑上去请教问题，印证自己在山里观察到和拍摄到的东黑冠长臂猿行为。同时我也向范教授表明，自己之所以拍摄这个专题，不仅是因为东黑冠长臂猿在世界上极度珍稀，更是因为他们是生态广西、美丽广西的最好明证，是广西值得对外传递的名片之一。

　　此次得到了范教授的专业指导，很有收获。希望能为接下来的追踪拍摄带来更广阔的视野和更多的思考。

2020 \ 1 \ 3

昨天见到了猿群，他们在八号点集中后即往弄角底方向去了。只要出现这样的情况，就意味着之后会好几天见不到他们。

昨天出山，一路上晴空万里，与天气预报所说完全不同。本想直接回南宁，犹豫了一下，还是选择在靖西的酒店住下来，约天国、兰叔今天再返回山里。

我们在壬庄汇合后，大约中午12点从古赖屯的山口开始进山。我走在最前面，正当翻越黄连垭口第二级台阶时，枯叶中突然窜出一道黑影。起初我以为是蜥蜴，仔细一看原来是一条小蛇。处于崖壁上的我下意识地一侧身，它便飞到了一处小树丛里。这回仔细观察了一下，不由得惊出冷汗，原来是条眼镜王蛇的幼蛇！真是有惊无险。这家伙还小小的，便霸气侧漏，如若它的家长在附近，那就有大麻烦了！南方的冬天，气温不低时，仍然会频繁地遇到蛇。崖壁之上，我不便取出相机，只好掏出手机迅速地拍了2张照片后便继续往黄连垭口爬去。

一路上仍然心有余悸，森林植被繁茂，我默默

提醒自己务必看清手抓的地方和落脚的地方。

　　到达营地后，我独自带上望远镜分别到四号点和岽工山谷的"临窗"位置寻觅东黑冠长臂猿的踪迹，无功而返，只能听明早的猿啼声来判断他们的位置了。

▲　雨林中的狂放巨蟹蛛

2020 \ 1 \ 4

今晨7点半左右，黄连猿群的大公猿在营地下方的弄工山谷里啼叫，但没有母猿合啼。

我和兰叔背负着沉重的摄影器材，来到弄工山谷拍摄点，天国则留守在弄工山谷“临窗”位置监测，近3个小时没有发现任何动静。

上午10点半左右，大公猿又在八号点对面的垭口开始了啼叫，长达半个多小时，其间出现了3次合啼。天国转移至八号点继续监测时，啼叫已停止，但他看到了猿群的动向。我犹豫了许久，要不要爬上八号点？今天天气不好，飘着小雨，背着沉重的器材攀爬八号点有风险，更重要的是没有办法在母猿合啼前赶到八号点。只有合啼时，才有可能拍到期待已久的“全家福”。

我和兰叔收拾器材，决定转移到老狼洞山谷。这个季节，我们对判断猿群的移动路线还是比较有把握的。果然，下午3点40分左右，猿群下到山谷的光榕树上，正对着伪装网。母猿F1和F3都在同一棵光榕树上，摘食深冬季节里残存的果实。让人惊喜的是，就在我抓拍F3时，太阳一下子冒了出来，尽管只有2分钟，但光线很亮，这难道就是传说中的“老天开眼”？

约下午4点半，猿群安静下来，不见了踪影，很显然，他们要在老狼洞过夜了。

▲ 正在光榕树上挑选成熟果实的母猿 F3

计划明早赶在猿群啼叫前抵达老狼洞山谷的左上方，那里有几处比较干净的树枝，希望明早的合啼发生在那里，这样"全家福"就有希望拍到了。

如果猿群明天从老狼洞转移到六号点山谷，那就考虑出山，期待下次进山。

2020 \ 2 \ 25 ☁

第十七次进山。

进山的第三天，终于有点心思记日记。昨晚猿群最有可能夜宿六号点山谷。六号点离营地约有4公里，需要跨越2个山谷，行程十分艰辛。即便中途遇到什么可拍的，也没力气举起相机。穿梭在阴暗的密林之中，还要时刻注意脚下锋利、松动的石头。

今天早上6点50分出发，攀上六号点已是上午8点半，不过很快辛苦便得到了回报。

9点左右，一棵夜宿树上传出猿群的响动，原来他们正在觅食一种白色野花。约10点50分，猿群转移到接近山顶的位置，进入午休。我希望他们能在1个小时的午休之后，翻越我镜头右侧的垭口返回老狼洞。

下午2点左右，我和兰叔收拾好器材，往老狼洞回撤。一路上未听见任何来自树冠上的响动，很显然，他们是去了崀眉底山谷方向，明天也应该不会返回老狼洞了。

专家曾称，东黑冠长臂猿几乎不下树，但今天看到母猿F3爬上了一处喀斯特岩石舔食盐分，这个行为让我感到很意外。

▲ 正在午休的猿群

▲ 身为树栖动物的东黑冠长臂猿一般活动在树冠之上，像母猿 F3 脚踩石头这样的行为较为少见

2020 \ 2 \ 26 ☁ ☀

　　有时候觉得东黑冠长臂猿离自己是如此的近，却又那么的远，让人难以捉摸！

　　早上近8点，我在伪装里亲眼见到他们出现在四号点，并且有2只黑猿出现在对面的构树上觅食，同时左边的山腰上也传来猿群其他成员在树上的响动，我想，今天无论如何也应该能拍到他们了。当我还在为自己的判断感到窃喜时，就再也听不到他们的响动了。通常他们离开四号点必定会经过我的镜头前，往右边的十号点或嵩工方向而去，今天这是怎么了？完全想象不出他们去了哪里，在哪里觅食？难道他们又从左边的山腰返回了嵩马肠方向？不得而知！

　　下午2点半，收拾好相机返回营地后，我又带上望远镜先后去了四号点山顶的监测点、营地对面的山谷、嵩工山谷的"临窗"位置，一直搜寻到6点，完全不见他们的踪迹。

　　东黑冠长臂猿又一次在我的眼皮底下消失得无影无踪，让我很是失望！这几天的观察又归零了，只能明早重新听声辨位。

　　拍摄东黑冠长臂猿可谓是一种看不到尽头的等待。

2020 \ 2 \ 27

今天东黑冠长臂猿一如昨日，完全不知所踪。

早上的猿啼声从很远的地方传来，无法分辨是否是黄连猿群发出的。早上7点，追踪到老狼洞方向时，似乎啼叫声又从四号点旁边的弄马肠山谷传来，我和兰叔只好又步履艰辛地赶到四号点，决定待在那里死守。

在四号点山谷一直等到下午4点半，其间2只公猕猴来访1个多小时。优雅的东黑冠长臂猿与之相比简直就是贵族，猕猴觅食时显得粗鲁不堪！到底东黑冠长臂猿是否真如之前护林员所讲的那样害怕猕猴？他们很少共处一隅，我对此表示怀疑。我认为，在这片无人的山林里，东黑冠长臂猿就是旗舰物种，当下除了人类，他们几乎不惧怕其他物种。

一整天下来，兰叔在山顶用望远镜监测并时不时通过对讲机轻声地与我保持着联系，但始终一无所获。

东黑冠长臂猿如同杂技演员一般，荡跃在树冠上往往几分钟便可走过一段山弄。而我们在石尖上攀爬，短短几百米都费时费力。真希望自己是一只鸟儿！也许只有这样才能与东黑冠长臂猿保持一样的步调。

今天已经是进山的第五天了，我寄希望于明后两天，两天后的降温和降水将带来大雾，追踪东黑冠长臂猿的路途又将更加艰辛！

▲ 来自峁工山谷的不明惊扰，让猿群冒雨向八号点方向转移

2020 \ 2 \ 28 ☁ ☀

　　时下，老狼洞的大青树正冒出红色的尖芽，没有树叶，老拙的树干像含苞待放的紫玉兰树一样。要是这时东黑冠长臂猿能上树，画面就太美了！不过这应该只是幻想，聪明的东黑冠长臂猿是不会这样做的，他们还指望着大青树在秋天结出大量的果实来填饱他们的肚子呢。

　　老狼洞是东黑冠长臂猿去往八号点或岽工山谷方向的必经之地。今天我等在这里，只是期望他们如往常一样经过而已，当然也可以观察一下他们是否采食大青树新芽。

　　上午11点，听到猿群在大青树下方啼叫，之后山谷又回归了平静，只有零星的鸟叫声。他们应该是午休了！我只好在大青树下继续耐心地等待。

　　时间一点一点地流逝着……12点20分，大青树对面山腰再次传来大公猿的啼叫声，300米开外，我见到他们如同一个个小点儿沿着山腰往八号点垭口移动，走走停停，1点半左右，又掉头下到了老狼洞山谷谷底。

　　兰叔在对讲机里说，猿群正往伪装拍摄点移动，于是我迅速收好三脚架和镜头，从大青树赶往老狼洞。10分钟后我气喘吁吁地赶到，看到谷底已经有两三只猿正在构树上摘食芽苞。

▲ 猿群不论是睡觉或休息，族群成员基本都是分散活动的，几乎不会全部聚集在一起

　　来不及支三脚架了，我迅速取出800毫米镜头手持，先拍下一些照片再说。要想拍到数只猿在一个画面里，实在是太难了，他们行进时讲究先后顺序，同时保持很远的距离，只有午休时才可能聚在一起。

　　今天的照片虽未达到预期，但能近距离看到他们总是很兴奋的，也使连日情绪低落的我又满血复活了！

▲ 除了交配，大公猿的主要职责便是巡视领地周围，观察异动，保持警惕，防止外来者入侵

2020 \ 3 \ 1 ☁ ☀

　　今天是进山第八天。似乎无论每次进山时自己决心有多大，都总是达不到预期。

　　人在四号点的时候，觉得猿群在老狼洞方向；在老狼洞等的时候，又会想他们是不是跑去了四号点。这2个点相距2公里，走一趟足以把人累瘫！

　　今天在老狼洞上方的八号点等到下午2点，之后又回撤到四号点监测至5点，毫无猿群音讯！

　　早上7点，猿群的首次啼叫声从春芽树范围内传来，可11点多的第二次啼叫声又从六号点方向传来，他们再一次悄无声息地从我的眼皮底下溜走。

　　虽说在山顶可以一览山谷全貌，但离东黑冠长臂猿动辄三五百米，根本无法拍摄，只能做科研监测。我采取的方法是选择一些他们喜欢的食物树，近距离地做好伪装，等待他们的出现。

　　初春，树叶最少，隐隐约约能见到岩石地表，可热带季雨林里常绿阔叶树很多，聪明的东黑冠长臂猿不论是休息还是进食，都喜欢钻进浓密的树荫里。

　　因此，拍摄东黑冠长臂猿，什么季节都算不上是最好的时机，只有你运气够好，碰上他们，才是最好的时机！在漫长的等待中，唯一能做的就是竖起耳朵，安静地倾听山林中的动静。

IV

雨林追猿
融入生命

2020 \ 3 \ 7 ☁ ☀

第十八次进山。

又是没有猿啼的一天。

连日的阴雨浸湿了石头，早上7点半，我和兰叔几乎是爬着去了峯工山谷"临窗"位置。四处搜寻，没发现山谷里有任何动静，鸟儿倒是叫得很欢快，我们只好返回猿群出现可能性很大的四号点等待。

这些天，我体力严重透支，腿脚发软。快到四号点时，我实在走不动了，一屁股坐在一块不太尖的石头上。正当兰叔上监测点时，我听到了树的响动，这不像是兰叔发出的！果不其然，对讲机里传来好消息，兰叔说他看见东黑冠长臂猿了，他们正准备下谷底！兰叔立刻返回与我会合，我们小心翼翼地爬去谷底的拍摄点。

发现猿群的踪迹后，似乎全身顿时充满了力气，为了在行进中不弄出一点响动，从垭口爬到谷底原本只需15分钟的路程，我们足足耗时30分钟，手被锋利的石头划出口子都没有感觉。

架好相机后见到了猿群，确认了他们的存在，心里总算有了底。这个时间点他们刚开始觅食，母猿 F3 上了构树，大公猿跑上去给了她一个拥抱。然而隔着密密匝匝的树枝，除了感受他们相亲相爱的气息，根本无法聚焦拍摄。

▲ 穿越遮天蔽日的峁工山谷

　　我耐心地等待着机会，可中午12点40分，他们钻进浓密的树荫后，便无声无息地消失了！

　　进山以来，无数次地见到东黑冠长臂猿，却又拍不到照片，无数次地饱受打击，却又习以为常！我依旧有足够的耐心等待着奇迹的出现！我相信一定能为他们拍下一张"全家福"！

采食大青树上的成熟果实
后，母猿F1一跃而下轻盈
离去 ▶

2020 \ 3 \ 8 ☼

　　山风掠过山谷，树叶的响声由远及近，又渐渐远去，如同海浪般翻滚着、喧嚣着……

　　风停了，才能听清鸟鸣，原本吊在枝干上的残叶被风刮得所剩无几，只剩下正在萌发的新芽或常绿树叶。气温正在攀升，寒冷一去不复返，春天已经到来，山里的一切正在复苏！

　　近期这半个月将是拍到东黑冠长臂猿"全家福"的最后机会，如果错过，就又要等待来年了。

　　今天天气晴好，可猿群居然没有啼叫，不知其踪迹。

　　下午时分，山谷里的光影十分梦幻，却等不到主角登场，这对于一个专业摄影师来说简直就是一种折磨！我就像是泄了气的皮球一样全身瘫软。明天是否有机会？不敢作幻想！

　　下午5点，确认奇迹不会发生才返回营地，打算认真地做一顿晚饭，今天又要用壮家米酒和兰叔一起消愁了。

　　广西最好喝的酒，我认为不是市面上昂贵的曲酒，而是壮家人的米酒！壮家人自酿米酒，选取喀斯特石山地区最上等的优质大米，经过1周时间的发酵，再存放4个月以上，才蒸馏取酒，其味醇香柔和，回味无穷！要是再配上壮族家养土鸡汤，那简直是人间美味！壮家米酒的味道里饱含着壮家人对自然、对生命的敬畏和热爱，也许这也是很多壮族同胞独爱家酿米酒的原因吧！

秘境守望
东黑冠长臂猿寻踪

214

2020 \ 3 \ 9 ☁ ☀

　　早上7点半，猿群的啼叫让我很精准地判断出他们位于老狼洞，8点赶到拍摄点架好相机，时间也很合适，他们正往谷底及左边山脚移动觅食。

　　阳光把谷底刚萌芽的构树局部照亮，如果9点半前东黑冠长臂猿能上树摘食，将会是极其完美的画面。我幻想着、构思着，同时再次检查确认镜头和相机设置，希望不错过每一格画面。

　　透过树丛，我隐约见到母猿F1带着她的小儿子老四出现在构树底部，正要往上攀爬。突然，一群白翅蓝鹊朝构树飞来，似乎是要驱赶他们。我

白翅蓝鹊家族 ▶

立刻意识到这是非常好的机会，难得的瞬间！难道传说中的大片即将产生？内心不禁暗暗激动！可是稍微僵持之后，F1母子俩放弃了上树吃芽苞，退回繁密的树丛后，一下就见不着了，更别提拍摄了。

没过一会儿，类似的场景再次出现。白翅蓝鹊又飞到我镜头左边山腰处，把另外2只小公猿围困在一棵长满寄生藤的树上。我对这群白翅蓝鹊并不陌生，它们共有8只，2年来，他们悠然自得地在这个山谷里栖息繁衍，和猿群和平共处，相安无事。估计是猿群里某个捣蛋鬼动了人家的鸟巢或偷吃了鸟蛋，才导致今天这个局面。白翅蓝鹊与东黑冠长臂猿不是一个量级，但是弱小的鸟儿仍奋起抵抗，拼尽全力地追啄猿群，真是弱小不可欺！

今天，闹腾的山谷与往日截然不同，我迅速调转镜头对准这棵树。遭遇围困的小猿时不时发出叫声，甚至伸出长长的手臂拍打，试图手抓飞鸟。这可是有成功先例的，真为这群鸟儿捏把汗！可鸟儿们似乎愤怒无比，也勇敢无比，不停地向小猿展开围攻！

我保持着高度的敏锐等待着机会出现，看看谁会成为那只倒霉的鸟。最后，我发现自己才是那只倒霉的鸟。

上午的阳光还没有照射到这一区域，左边山腰至谷底一直都处在阴影里，我把相机的感光度设到极高都无法将眼前的画面拍清晰。加上小猿都是毛绒状的黑团团，数码相机在没有反差的情况下很难分辨出这些黑团团的毛发。双方"斗争"了半个多小时，我始终没有拍到一张满意的照片。

中午12点50分，猿群躲进镜头正前方一棵浓密的肥牛树午休。我知道，接下来他们又将会在我眼前悄无声息地消失。我提醒兰叔要一直盯住这棵树，希望今天能弄清楚他们到底是怎样在我们眼皮底下无声无息地离开的。

▲ 一只白翅蓝鹊险些被东黑冠长臂猿徒手抓住

    下午2点左右，在山顶一棵岭南酸枣树刚萌新叶的细枝上，我发现了他们的身影，之后猿群便翻山而去。这期间我们既没有听到声音也没有看到树动。

    原来如此！猿群在做横向移动、平行荡跃或向下跳跃时才会有比较大的树动声；而当猿群向上攀爬时，本就步履轻盈的他们，在树冠上可以不发出任何响动。

第二十次进山。

父亲擅长种花养草，尤其偏爱兰。我喜爱兰花大概也是自幼受父亲的影响。去年10月，在前往十号点方向跟踪东黑冠长臂猿途中发现一处带叶兜兰后，当即决定今年花期时一定要拍下一张照片送给父亲。峭壁上，这一丛带叶兜兰附着在一棵粗壮树根的两边，有13苗之多，是难得一见的奇观。

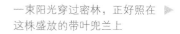
一束阳光穿过密林，正好照在▷
这株盛放的带叶兜兰上

今年2月，我发现这丛带叶兜兰仅结出一个花苞，于是之后1个月时间里多次爬山越岭去关注进展，估算着开花的时间，终于在3月的最后一天迎来了它的绽放。说来也是奇怪，不知是否是由于今年气候的影响，山里带叶兜兰的花期比去年晚了将近半个月，花苞也特别少，这朵花算是今年我见到的第一朵兰花！

前两天天气很差，在靖西等了两天，仍不见有转晴的迹象。但估测这个花苞已经展开，于是也顾不上天气了，约上古赖屯的2位挑夫及台叔，为这朵花专程进了一次山。这应该是秋天到来之前的最后一次进山了。

在营地住了一晚，计划只拍带叶兜兰，不追踪东黑冠长臂猿。但意外的是，出山当天，早上约8点，黄连猿群在四号点山谷啼叫。四号点距离营地不到700米，这太难得了！难道东黑冠长臂猿知道我们即将久别5个月，特地前来欢送我吗？太感动了！

我在四号点俯瞰山谷，看到猿群所有成员都一一露面，迷雾之下依然清晰可辨。我还发现大公猿和母猿F3把幼猿小五护在中间并环抱在一起，此时是上午9点，在这个时间段，这样的行为并不多见。

果然事出有因，只见一只蛇雕腾空而起，猿群开始警觉啼叫，流露出惊恐的表情。蛇雕是这一地区最大、最凶猛的飞禽了，它一旦出现，小猿的处境就很危险了！蛇雕起飞后并没有离开，而是停在了一棵岭南酸枣树上，70余米外的我，努力拍下了这只大鸟的清晰照片。

蛇雕不时发出叫声，原来这并不怎么动听的声音出自它之口！我在这一带曾无数次听到过。猿群躲在树枝里原地不动，他们互相观察着对方，僵持了足足40多分钟，最后，蛇雕一无所获，失去耐心飞离了谷底。

今天，终于直接地观察到了东黑冠长臂猿的天敌！希望分别的日子里，猿群无忧！

绵绵细雨中，我收拾好行装，有些不舍地暂别了这片森林。

算来至今进山已经20次（其中2次没记日记），在山里的日子也有200余天了。为了那张梦想中的"全家福"，我暗下决心，立秋后再回来。

▲ 大公猿与母猿 F3 紧紧相拥把小五护在中间，使其免受蛇雕的袭击

2020 \ 9 \ 24

第二十一次进山。

这是秋天吗？即便是雨林也应该有旱季吧？进山3天以来，滴答的雨声完全没有停歇的意思，天气预报显示未来一周全是雨！雨！雨！

去年同时期，天干物燥，天朗气清。设想着今年秋天会给东黑冠长臂猿专题拍摄画上一个完美的句号，偏偏眼前此景……可能事与愿违。

多变的气候、善变的东黑冠长臂猿，哪一个是人类依靠经验可以轻易预测的？不过，在山里待久了，已学会释然。

没有电，才会懂得珍惜地使用充电宝；没有信号，就必须忘记手机，晚上8点半睡觉，早上5点半起床；没有丰富可口的食物，就必须忘记大吃大喝，懂得节约，懂得清淡饮食的益处；没有水，才更能体会水资源对人类生存的意义。

在无人可达的深山中，所有生活作息的坏习惯，都可得到纠正；所有惺惺作态的都市病，都可得到疗愈。

时隔5个月，靖西的稻田又一次黄了，那个我，又回来了。

2020 \ 9 \ 25 ☁

　　今早8点，猿群上了大青树，却再次来去匆匆，是不是因为秋季果实丰硕？

　　秋雨绵绵，雾气弥漫，光线暗淡，相机感光度设置到极高，快门速度依然上不去，根本无法拍摄，只能眼睁睁地看着猿群一家子一晃而过。兰叔在谷底见到他们后不到10分钟，便再不知他们去向。

　　中午12点，猿啼再次响起，这时他们已经身处大新山谷方向了，与大青树相隔了2个山谷。

　　曾经想当然地把拍摄东黑冠长臂猿的过程称为"追踪"，可现实是，人是不可能追上东黑冠长臂猿的，只能以守株待兔的方式来拍摄。猿群的领地十分辽阔，通常有十几个山谷，最小的山谷面积也有四五百亩 *，因此，守着一棵树，10天也等不到一次就不足为奇了。在这里拍东黑冠长臂猿，是没有资格讲究光线和构图的，能见到并拍到已算是运气爆表了。

　　中午12点半，意识到接下来也不太会有相见的机会了，我只好和兰叔不情愿地返回营地。进山做监测的保护区工作人员小林、小黄已于中午出山，只剩下我和兰叔相依为命。

　　入夜，雨停。那只孤独的鸟——黄嘴角鸮又开始了鸣唱，孤寂感瞬间袭来。

────────────

* 1亩 ≈ 666.67平方米。

2020 \ 9 \ 26

　　蚂蟥的吸盘牢牢吸附在我手腕上，我用细树枝试图把它拨开，但它好似很不舍得放弃一样，还很兴奋地扭动着身体的另一端。人的血有这么香甜吗？好吧，我决定送你1分钟来享用这最后的晚餐。

　　好天气报不准，坏天气倒是报得出奇的准，这便是我关注的天气预报。今年的确是个多事之秋，没什么好抱怨的，唯有迎难而上。

　　这个季节的雨天也有它的好处，若不下雨，东黑冠长臂猿跑得飞快，若下雨，还可能会有对视的机会。他们跟人类一样，也会躲雨，不会在雨天大范围活动。

　　中午时分，一条可爱的小蛇悄无声息地潜入了伪装帐篷，好奇的眼神促使我想要给它拍张照片，遗憾的是，取出手机后，却再也找不到它的踪影了。

　　一位长辈常常在我耳边唠叨：当一个人无力改变环境的时候，就去适应它并享受它。

◀ 广西邦亮长臂猿国家级自然
保护区里那只孤独的夜行
者——黄嘴角鸮

　　兰叔接替台叔帮我背器材、协助我拍摄至今已1年有余。兰叔也是一位善良的壮族人，是一位值得尊敬的长辈。

　　回到营地，兰叔也爱喝点小酒，虽酒量远不比台叔，但这是他在山里工作之余唯一的乐子。喝上两口后，兰叔还会唱上几句壮族山歌："再大的船，终归葬身大海，再厉害的猴子，最终死在山上……"虽然本地壮话我几乎听不懂，但我能真切地感受到兰叔所传递出来的快乐。这些壮语歌词翻译成普通话后，也显得很有意思，道理朴实深刻。

　　2年来，我在山上常常陪喝，不知不觉中，也深深地喜欢上了靖西米酒。据兰叔介绍，在靖西，除了米酒，还有红薯酒、玉米酒也都是当地人的挚爱。兰叔认为，玉米酒好喝的段位比前两种酒还要高出一点，可大多数的汉族人不怎么喝得惯玉米酒。我想，也只有土生土长的本地人才能品出其中的滋味来，也只有靖西人才能酿出靖西人自己喜欢的味道。

　　粤语中不管是什么猴子都统称作"妈搂"，而靖西壮语则把猴子称作"都灵"，黑叶猴称作"乌银"，东黑冠长臂猿称作"都岗"。懂得如此细致的分类，靖西人这生态常识可不一般！

　　关于壮族人相互之间的称呼，基本上不用"你""我"这样显得生分甚至不礼貌的词，比如：兰叔的名字叫农明义，他的长子叫农君兰，那么比

▲ 东黑冠长臂猿荡跳时身轻如燕，一跃的距离可达八九米，连人类最优秀的体操运动员也无法与之匹敌

他年龄小的朋友或同事便称呼他"叔兰"，普通话表述即兰叔，或称"哥兰"（兰哥）；兰叔的长辈或平辈称呼他"爸君兰"（君兰爸），兰叔对长辈或平辈则要自称"明义"，等等。这是中国的传统礼仪，壮族人保留至今。

正当我沉醉在对靖西、对壮族的赞美里时，微弱的烛光下，兰叔举起酒杯说："啃搂（喝酒）！"我也回敬了一声："啃搂!"

　　进山第六天，平淡无奇的一天，没按下一次快门，没有拍到一张照片。六七天下来感觉有力气使不出，要是在之前又该到了一个忍耐的临界点了，但看来在山里200多天的修炼还是有效果的，今天居然不急不躁。

　　傍晚回到营地后，兰叔洗菜煮饭，我切菜炒菜，一大碟腊肉炒白菜出锅，最终被吃得精光。我又开始发绿豆芽，为几天后青菜将面临匮乏做准备。营地旁仅有一小块泥地，我今年初种下的姜和红贝菜也都有了长势。即使今年东黑冠长臂猿拍摄结束时还不能吃上，将来也可为进山的护林员应应急。

　　一碗米酒下肚后，兰叔又开始无话不聊。我对兰叔说："在山里好辛苦啊！"兰叔说："要是有个美女相伴该多好！可惜呀！山里只有母猿……哈哈……"我接着调侃兰叔，问他在想哪位美女，兰叔说："当然是我老婆啦……我是爱上一个家，恋上一张床，不忘初心，牢记使命！"说完之后，兰叔自己都忍不住笑了。

　　只拥有初中学历的兰叔，好一位幽默风趣的壮族人，他常常以自己的生活阅历讲出一些道理，既时尚又朴实。

2020 \ 9 \ 29 ☁

　　下雨天可以把储水罐都装得满满的，这次拍摄再不愁缺水。用医用纱布过滤后的水清澈透明，没有发黄，没有异味，用来沏茶，味道还不错。

　　今晚烧了一大壶开水，兑了大半桶冷水，进山7天后终于第一次洗头洗澡。这在山里属于不是每天都能享受的奢侈生活。洗完澡后全身上下都觉得轻了许多，这种感觉印象中只有小时候才有。

　　一桶约12升的水要用来洗头和洗澡，这可是技术活，得统筹规划好，否则洗到中途沐浴露还在水却没了，那就尴尬了。想想在城市里，生活用水毫无节制，心生惭愧，希望此后都要养成节约用水的习惯。

　　靖西虽属喀斯特石山地区，但这里自古都出产优质大米，尤其糯米更是出奇的好，远近闻名。为什么这里的米酒好，这便是原因。

　　山外村屯里的百姓祖祖辈辈遵循着雨季插秧、旱季收割的自然规律，可偶遇反常的气候，比如连续不断的雨水，就会影响当地大米的产量和质量。

　　晚饭时，另一位协助我的保护区护林员蒙叔忧心忡忡地说，现在田里已成熟的稻谷好多已经发芽，即便马上收割，也没有太阳可以晒干。我担忧地问蒙叔怎么办？蒙叔说，上一年还有不少存粮，完全够全家老小吃，家有存粮心中不慌。

　　拍不到照片是我的烦恼，可与蒙叔的担忧相比起来，真不算个事。

　　下午，天终于放晴，此刻还有如水的月光，但天气预报显示明天凌晨又将有小雨，估计今年中秋节无月可赏了。

在密密匝匝的森林里观察东黑冠长臂猿，如果没有猿啼或听不到树动声，是很难发现他们的踪迹的

　　不出所料，凌晨果然下起了雨，并且还不小。现在是上午9点多，雨势加大，白天如同黑夜。放弃还是坚守？我犹豫不决。

　　近半个月，靖西几乎天天下雨，心情不好的除了当地的村民和我，或许还有东黑冠长臂猿。眼下正是山里野果成熟的季节，雨水过多导致大量的果子烂在树上，有的还来不及成熟便掉落了，也许不到初冬，东黑冠长臂猿喜爱的果实就会所剩无几，那么这个冬季他们必将难熬。

　　范朋飞教授曾说：任何人，只要了解东黑冠长臂猿后，都会越来越喜欢他们。的确如此，从相识到熟悉，再到被他们接纳，我现在已经对他们有了牵挂。尤其是全身乌黑的大公猿那双黑色的眼睛，深邃的眼神所散发出来的气息让人难以忘怀。这眼神之中有思考，有情绪，甚至还有交流。最可爱还是2岁以内的小猿，不仅调皮贪玩，还常常一副没有睡醒的样子，眼屎糊在眼眶边，食物残渣留在嘴角，像极了幼儿园的小朋友。

　　雨天行走在喀斯特石山深林之中极其危险，但10月13日前后是黄连猿群的小公猿小五的周岁生日，我想不论多么辛苦也该坚守到那时再出山。

　　今年已迟到的旱季，何时才会到来？

▲ 母猿 F3 怀里的幼崽小五近日满周岁，在一旁的是猿群的第三只未成年的公猿

　　一个月饼、一碗靖西米酒、一盆冬瓜煮土鸡，在山里的这个中秋节，兰叔和我过得有些冷清。

　　回到营地，借助断断续续的信号翻阅微信朋友圈。今年恰逢中秋、国庆双节重合，比往年显得更隆重、更热闹。人们千里迢迢回家，一路上堵得不亦乐乎，回家路虽是艰辛的，但回家的人却是幸福的。回到父母身边，与家人、亲朋相聚的时刻才能不忘初心。

　　但愿人长久，千里共婵娟。千里之外，电话那头，父亲问："今年的照片拍摄进展如何？"我说："现在就缺一张照片了，明年就可以完成专题。每年的中秋节前后是拍摄长臂猿最好的季节，因此我不能和老婆、孩子一起回去过节，希望您谅解。"父亲说："习主席讲绿水青山就是金山银山。你的路子是对的，要好好做，关于物种方面遇到不懂的知识，要多向专家请教……"

　　每次通电话，父亲总是没有多余的寒暄，这次也是一样单刀直入地与我讨论起专业问题。我打断父亲的唠叨说："我如今之所以喜欢拍摄自然题材的照片，都是受您的影响。"父亲好像没听清楚，也不在意我说了什么，一下子提高了音量，大声地"喂"了几声后说："信号不好就不说了吧！"随后挂断了电话。

　　今晚如预料的一样，天上没有月亮，寂静的山谷里，雨声显得格外清晰。这时我陷入沉思并深感对家人的歉疚，寻梦的人其实好自私。

　　何时才能拍到那张我想要的照片？什么时候才能结束这样的煎熬？不知道10天后能否得到想要的答案，希望兰叔不用再陪着我一起寂寞了。

▲ 每只东黑冠长臂猿都要在经历漫长的童年后，才能成为森林里独当一面的存在

2020 \ 10 \ 3 ⛅

身临其境地用眼睛、用心感受的过程，其实是影像难以充分表达的。

在山里整整11天了，没有一天不下雨，没有一天不汗流浃背，也没有一天有过和东黑冠长臂猿正面相遇的拍摄机会。等待和焦虑令我的耐心渐渐有些余额不足。

昨天上百只猕猴霸占了大青树山谷，今天它们依然在那里活动。在等待东黑冠长臂猿的过程中，只要听到附近有树动声，我便立刻竖起耳朵，更加仔细专注，希望尽量不要错过每一个瞬间。然而猕猴在山谷里吵吵闹闹了一整天，树动声倒是不断，但都是这帮讨厌的家伙在混淆视听，害得我今天空欢喜一场。

细听东黑冠长臂猿的响动和猕猴的响动，其实是有区别的。东黑冠长臂猿在树冠上轻盈荡跳产生的树动声并不太响且有序、有节奏。由于东黑冠长臂猿行进速度相当快，树动声传来后不到几分钟便会出现他们的身影，我们也容易循着规律的响动发现他们的行踪。当然，有时候东黑冠长臂猿也可能没有任何响动，一下子出现在你的面前。而猕猴弄出的树动声多半吵闹，且来自四面八方，东一下、西一下，还时不时一惊一乍，发出难听的怪叫。它们的移动速度相对较慢，很长时间里总在不大的范围内活动，不容易被看见。虽然都是灵长类动物，可古人早有定论：猕猴是粗鲁的，而东黑冠长臂猿是彬彬有礼的。

大青树山谷位于猿群领地东边，今天猿群在西边活动，而我在东边守候，最后他们竟然还能出现在我眼前——拍摄这个物种经常出现这种歪打正着的状况。

傍晚6点左右，突然听到营地左上方有熟悉的树动声，令人兴奋。抬头望去，果然在不到20米远的一处树冠上，赫然端坐着黄连猿群的"女主人"——母猿F1，旁边还跟着一只小公猿，两双熟悉的眼睛若有所思地看着我，与我对视了足有1分钟。

这种被信任的感觉比拍到照片还令我兴奋。至此，越来越感觉到这是一趟难以结束的旅程，越来越感觉到对他们难以割舍。

可以确认，今晚猿群夜宿营地下方的峚工山谷，明天他们上大青树的概率将大大增加，想到这，我又充满了信心。

2020 \ 10 \ 18 ☀

第二十二次进山。

北风天，艳阳下的天空一碧如洗，偶尔有点点白云也是乳白色的，难得的秋高气爽。可遗憾的是猿群又不知所踪，甚至连啼叫声都没有听到。

在山里200多天，对此早已习以为常，无所谓失望与否。营地的晚饭照吃，米酒照喝，与兰叔、蒙叔两位壮族大哥依旧聊兴十足。

此次，我已给自己设定了期限，这将是最后一次进山，15天时间里，不论拍不拍得到那张梦想中的照片，纵有万般不舍，我也将结束这个专题。对东黑冠长臂猿的拍摄已近2年，虽没有拍到自己特别满意的照片，但我已尽全力。希望后来的摄影师能去弥补这个遗憾。

2020 \ 10 \ 22 ☁

　　上午10点左右就开始听到树动声，心想4天的等待终于有回报了，情绪一下子激动起来，立即抓紧相机，可又迟迟不见动静。暗暗担心不会又是遇上猕猴了吧？唉！真是不想什么偏偏来什么，有时候人的运气便是如此。

　　之前从未见过猕猴吃大青树的果实，它们一般绕着大青树走，连上树的情况都很少，今天可真是开眼界了。大青树上居然一下子冒出20多只猕猴，有的脸白，有的脸绯红，尾巴都不长。它们像逛水果市场一样，悠闲地挑选着成熟的果实。大青树周边的树上也全都是猕猴，估计有上百只，整个山谷一片嘈杂。

　　20多只猕猴的食量，可是一只果子狸的好多倍，照此下去果实变少，东黑冠长臂猿上树的机会将变得更加渺茫。猕猴贪婪地吃着原本属于东黑冠长臂猿的果实，看得我气不打一处来，但即便如此，我在伪装帐篷里也没有弄出任何声响，小心翼翼地观察着它们怎样摘果、怎样吐皮。

　　我自认为我的存在丝毫没有影响它们的食欲，可这帮讨厌鬼却不这么想。2只猕猴在我后方不到2米的地方对着伪装帐篷大声吼叫，我透过纱窗，看到它们很生气的样子，露出恐吓我的表情。几分钟后，我转头往前面一看，发现前方的树枝上居然也不声不响地坐着一排脸红红的猕猴，有的还怀抱着小猕猴，可爱极了！只可惜距离太近，根本无法快速聚焦，它们看见镜头转动后即刻一哄而散。

　　灵长类动物和鸟类最大的不同，是它们懂得观察环境变化，分析潜在的风险。因此要想拍好东黑冠长臂猿，唯一的办法就是花时间去让他们认识并习惯你。

▲ 有时候东黑冠长臂猿会悄无声息地出现在你身边，甚至观察了你很久你都浑然不知

2020 \ 10 \ 23 ☀ ☁

　　今天其实不太想动笔，心情复杂，感觉煮熟的鸭子又飞了，5天枯燥的等待仅得到一张很勉强的照片。

　　今天天气很好，早上7点左右，猿啼在八号点垭口方向响起，我判断猿群正在大青树上方。7点08分，我赶到拍摄点进入伪装帐篷，没过多久，便听见了树动声，猿群距离大青树越来越近。此刻真希望阳光快点照亮大青树，或者猿群能晚半个小时再上树。大青树位于山腰，只有到了8点半左右才有阳光直射。可遗憾的是，7点46分，我透过纱窗眼睁睁看着猿群全家一个个轻盈地跃上大青树，我把感光度设置到极高，但快门速度依旧不过百，拍摄难度极大，只能等待下一次的机会了。

　　10分钟后，我在帐篷里失落地看着猿群远去。他们在距离大青树两三百米的地方停了下来，开始休息，并相互打理毛发。母猿F3选择在一丛浓密的藤蔓上躺了下来，任由明媚的阳光晒着肚皮，身边还有4只小公猿不停地滚来滚去，嬉戏玩耍。连刚满1岁的小五也不停地爬上爬下，时而去踩踩母亲F3的肚皮。小五的体型还不到哥哥姐姐们的一半大，与父母的体型更是悬殊，但他似乎已经学会了丛林生活技能，显得极其娴熟而灵动。距离虽远，无法拍照，但是通过长镜头观察他们的行为举动，觉得萌态十足。

　　东黑冠长臂猿在大青树上的时候，昨天那群还惦记着果子的猕猴并没

东黑冠长臂猿双手各有5根手指，吃水果时会挑选、会剥皮；他们照顾孩子无微不至，对长辈有敬畏之心，他们的情绪表达也十分细腻

有离开山谷，它们在一旁吼叫着，就像昨天吼我一样。也许猕猴觉得东黑冠长臂猿也是"人"，不好惹，因此只能在一旁宣泄不满情绪。

由此可见，这片森林里的旗舰物种——东黑冠长臂猿并不害怕数量众多的猕猴。

2020 \ 10 \ 25

　　下午5点40分回到营地，天空开始飘雨，维持了8天的好天气终于到
了尽头，雨林又恢复了它本来的样子。

　　昨天的大青树山谷里没有猕猴，也没有东黑冠长臂猿。今天猕猴出现
了，可东黑冠长臂猿依旧没来。难道他们不惦记着他们的美食？对此我感
到不解。

　　与去年同时期相比，今年见到东黑冠长臂猿的概率低了很多。今天是
在山里的第八天，截至目前，只拍到一张照片，这成本实在是太高了。难
道这趟为期2年的东黑冠长臂猿拍摄之旅即将就这样结束？我很不甘心。
我仍然相信设想中的那张照片是有机会拍到的，似乎每次就差了那么一点。
事实上，摄影师眼里没有完美，要做到顺其自然实在很难。

　　与其说这是一趟摄影之旅，倒不如说这是一次疯狂的冒险。进山一次
一待就是十天半个月，在无人的深山之中，生活不仅艰苦，而且危机四伏，
真不是每个人都能坚持下来的。想起前天下午在岽工山谷"临窗"位置又
一次遇到坠落的大石头，至今仍心有余悸。

　　前天下午4点，在大青树等待了近9个小时没有任何动静，于是，我让
在山顶的兰叔转移至岽工山谷"临窗"位置继续监测。过了约15分钟后，
我和蒙叔正在收拾器材，突然听到岽工山谷方向传来伴有震动的巨大轰隆
声，这一定是山上滚石产生的声音。我立刻在对讲机里呼叫兰叔，没得到

任何回复！此刻我和蒙叔都已惊出一身冷汗，紧张地快步赶往峚工山谷，万幸看到了安然无恙的兰叔。那块滚落的石头少说也有100千克重，被它击中的石头有的都成了粉末状，用手摸还是热的，并散发着火药味。这个位置是我们平时从拍摄点返回营地的必经之路，当时兰叔所处的地方距离这个位置仅有六七十米，想想都后怕。

晚饭喝米酒时，蒙叔像个孩子似的跟我发牢骚说："在山里没有人说话，太闷、太枯燥了，再待下去思想（精神）都要出问题了，我好想家！"我特别能理解蒙叔的牢骚，即便是一位专业摄影师，如果没有信念的支撑，这种日子也会十分煎熬。

黄连猿群的2只母猿虽然是母女关系，但她们也共同拥有一位丈夫

第二十三次进山。

还是又进了一次山。今天又遇到了蛇，这是这2年进山过程中第五次遇到毒蛇，真不想习惯这种境况！

那是一条眼镜蛇，目测体型不小，因为毛竹丛里干燥的竹叶被弄出的响动也不小。起初，我还以为是诸如扇尾鸟之类的鸟儿在竹林里翻找虫子，没兴趣去理会，况且那时我正专心盯着山谷里东黑冠长臂猿的动静。后来感到身后的声音越来越近，心想这只鸟胆子怎么这么大，转身一瞧，居然是蛇！长长的蛇身已经把细细的山毛竹压低了些，正朝着我移动。

蛇在距离我不到1.5米的地方徘徊着，它昂着小蛇头吹出粗粗的呼吸声，停顿了几秒钟。我开始慢慢地侧身略往峭壁上方前倾，既怕在慌乱的躲避中跌下山崖，也想看清楚蛇身上的花纹是否有属于眼镜王蛇的特征。我迅速掏出手机拍下一张照片，可后来照片里怎么也找不到蛇的影子。

也许这条蛇同我一样，在四目相对的刹那，也吃了一惊？估计受到惊吓后逃之夭夭了。听到渐渐远去的爬行声，我那颗悬在半空中的心才落了地。当时我正在四号点悬崖边等候东黑冠长臂猿，所处的位置行动极为不便，试想这家伙如果像上次在黄连垭口的那条眼镜王蛇幼蛇那样向我扑过来的话，我还能再次躲过吗？要是今天遇到的又是眼镜王蛇，也许就没这么幸运！

蛇离开之后，我看了一下表，此时已是下午5点，难道今天就此结束？突然，山谷里传来了令人欣喜的树动声，应该是东黑冠长臂猿来了！他们一定是来这个山谷过夜的，今天等待了将近10个小时的枯燥、疲惫瞬间消失，满满的成就感袭来。果然，母猿F3带着小五爬上了一棵光秃秃的岭南酸枣树，给孩子喂完奶之后便开始调整睡觉的姿态。遗憾的是这时正值日落西山，山谷已经处在阴暗之中，我努力调整好相机参数，尽力在母子俩入睡之前高速连拍下了数百张照片。

追踪东黑冠长臂猿最幸运的是，如若前一晚看到他们过夜的地方，第二天将是值得期待的一天。于是我果断决定把三脚架留在拍摄点，打算明天出个早工。

傍晚6点，天色逐渐暗下来，东黑冠长臂猿母子俩拥在一起沉沉地睡去，80米开外，我轻手轻脚地收好相机，爬上山顶返回营地。

2020 \ 11 \ 14 ☀

　　2年前的这个季节，我进入广西邦亮长臂猿国家级自然保护区开始观察拍摄东黑冠长臂猿，2年后，同样的冬日暖阳，同一棵大青树下，同一群东黑冠长臂猿，我终于说服自己，在与他们初次相遇的地方结束这段拍摄苦旅。

　　早上6点50分，东黑冠长臂猿开始在崀工山谷啼叫，逐步把我引向大青树方向。7点50分，已经守候在拍摄点的我听得出，猿群弄出的树动声与我所在的位置十分接近，我在心里祈祷猿群能在8点15分后再上大青树，这样太阳便可照进山谷，照到树上。

　　后来真如我所愿，几乎在大青树上传来动静的第一时间阳光便亮了起来。不知是上天的眷顾，还是冥冥之中，猿群知道我今天打算出山而有意关照？

　　2年前，我看见母猿F1怀抱小猿老四，2年后，我看见母猿F3怀抱小猿小五。这一切都似曾相识，我也算见到了这个猿群完整的一个小周期。2年来，我幸运地见证了这个族群的壮大，我们之间也从陌生到熟悉。猿群大约30分钟后才缓慢地离开往谷底而去，听着他们越走越远的动静，我呆坐在大青树下，心里细数着观察拍摄他们的日子里的点点滴滴。

　　按这个专题的拍摄计划，到了该说再见的时候了，心情复杂，万般不舍。200多天来，东黑冠长臂猿会表达情感的眼神已深深印入我的脑海，

我会永远把他们留在记忆中。

站在黄连垭口，回望这片令我又爱又恨的喀斯特石山森林，不忍离去，但又不得不离去。

山野里，空谷中，一片黄红夹杂的树叶随风飞起，逆光下显得透亮，如同一只蝴蝶在飞舞着。又将过去一年，山中的寒冷正在临近。

也许，后会遥遥无期。未来，祝福猿群一切安好！

▲ 母猿 F1 趴在粗大的树干上享受着冬日的阳光

▲ 母猿 F1 试图靠近与猿群长期相处的摄影师，俨然一副熟人的样子，这样近的距离已不足 10 米

后　记

2年，260余天，从南宁到靖西往返2.4万公里，在山里攀爬0.3万公里，雇请人工600余次。遇到过蜈蚣、蚂蟥、毒蛇、滚石、雷暴天气……感谢老天爷的眷顾，让我的旅程总能有惊无险。其实危险不止这些，只是难以写尽罢了。

孤寂山野，煎熬灼心，亦如一趟修行。无人的深山和喧闹的城市，恰似"天上"和"人间"。在"人间"安定的日子里，每当回看这些日记的时候，所有的危险和艰辛都已经变得模糊，灵魂深处唯有对黄连猿群这个家族的记忆无比清晰，至今对他们仍有太多的牵挂。愿他们在这片无人打扰的秘境之中逍遥自在，世世代代繁衍下去。

对东黑冠长臂猿这一人类近亲，作为摄影师，我一直用心地把他们当成"人"来叙述。经历长时间的守望之后，我和猿群才得以相识相知。冥冥之中，他们似乎知道我即将离开这片森林，在拍摄临近尾声的那段日子里，他们开始不再躲避我，近距离凝视我……不知道猿群是否和我一样，难舍这段"猿"分。

栖息在中国境内的4种长臂猿总数加起来还不到1500只，都处于极度濒危状态！而东黑冠长臂猿在中国的数量截至目前仅有5群33只，在全球仅140余只。长臂猿对栖息地环境十分挑剔，需要远离人烟，即便在古代也只能在人迹罕至的深山之中发现他们的踪迹。

◄ 母猿 F1 远去的背影

所幸，时至今日，在广西靖西中越边境线上，那一片保留下来的原始森林为东黑冠长臂猿提供了最后的庇护所。

图书出版在即，心存感激，感激于拍摄期间，在我最无助的时候，给予我大力支持的各位。

感谢泰国潮州会馆副主席、爱国华侨徐光辉先生，中共百色市委常委、靖西市委书记钟恒钦先生等提供的帮助！

感谢广西壮族自治区林业局的支持！

感谢广西邦亮长臂猿国家级自然保护区管理局的支持！

还要特别感谢广西壮族自治区博物馆的各位领导和同事，感谢他们对我的包容、鼓励和帮助！

黄嵩和

2021年2月

作者简介

黄嵩和，生于四川省自贡市，广西壮族自治区博物馆副研究馆员。"广西青年五四奖章"获得者，中国摄影家协会会员，佳能公司特约摄影讲师。

多年来一直关注和拍摄广西独特珍稀野生动植物，坚持不懈地用视觉书写广西，出版作品《北部湾畔白鹭飞》《遇见白头叶猴》等。在美国《国家地理》摄影大赛、全国摄影艺术展览等比赛中多次获奖，多次举办个人展和讲座，大量专题作品发表在国内外知名报刊上，积极向世界传播"美丽广西、生态广西、文化广西"理念。

图书在版编目（CIP）数据

秘境守望：东黑冠长臂猿寻踪 / 黄嵩和著. —南宁：
广西科学技术出版社，2021.8
　ISBN 978-7-5551-1608-0

　Ⅰ.①秘… Ⅱ.①黄… Ⅲ.①长臂猿—中国—普及读
物 Ⅳ.①Q959.848-49

中国版本图书馆CIP数据核字（2021）第151841号

秘境守望——东黑冠长臂猿寻踪
MIJING SHOUWANG：DONGHEIGUAN CHANGBIYUAN XUNZONG

黄嵩和　著

策　　　划：骆万春
责任编辑：吴桐林　黎志海　　　　　装帧设计：梁　良
责任校对：阁世景　　　　　　　　　责任印制：韦文印

出 版 人：卢培钊　　　　　　　　　出版发行：广西科学技术出版社
社　　址：广西南宁市东葛路 66 号　邮政编码：530023
网　　址：http://www.gxkjs.com

经　　销：全国各地新华书店
印　　刷：雅昌文化（集团）有限公司
地　　址：深圳市南山区深云路 19 号　邮政编码：518053
开　　本：787 mm×1092 mm　1/12
字　　数：162 千字　　　　　　　　印　　张：23.5
版　　次：2021 年 8 月第 1 版
印　　次：2021 年 8 月第 1 次印刷
书　　号：ISBN 978-7-5551-1608-0
定　　价：168.00 元